摄影与文学

中国摄影出版社
China Photographic Publishing House

摄影与文学

[法] 弗朗索瓦·布鲁纳　著
丁树亭　译

中国摄影出版社
China Photographic Publishing House

谨以此书献给马克、戴维、马里恩和亚历克斯。

目　录

图 1

路易斯·迪克·奥隆（Louis Ducos du Hauron），《亚仁
观》（*Landscapeat Agen*），1878 年。天然彩色摄影法，通过
影师的三色染色法获得。

引　言

早在摄影产生的最初几十年里，它曾被戏谑地称为“阳光绘画”（sun painting），该词通常具有嘲讽意味，概括了摄影的机械性特点与画家的艺术自由之间似乎不可避免的对抗性。几乎所有摄影发明的话语均体现了这种对抗性的基调，直到20世纪，基于与绘画模式的部分同化，摄影才被博物馆和艺术市场接受。近期，另一种把摄影解释为“光绘”（light writing）的观点已经获得认可，该观点强调摄影与文学或写作领域的亲密关系[1]。对该媒介早期及后来发展历程中的许多评论家来说，现在看来，这种认同至少与摄影和绘画之间生硬的联姻有很大关联。从威廉·亨利·福克斯·塔尔博特（William Henry Fox Talbot）在其非常微妙的著作《自然的画笔》（*The Pencil of Nature*，1844–1846）中对摄影突破性的探索，到辛迪·舍曼（Cindy Sherman）或索菲·卡莱（Sophie Calle）对虚构照片的模仿，特别是从热衷于把摄影视为主旋律或是伴侣的作家那里得到了无尽的启发，摄影与文学的关系因此组成了摄影复杂的发展史上一个至关重要的部分，并且成了一个不断增长的探究领域。

然而，《摄影与文学》书名中的术语顺序似乎有些煽动性。目前，文学学者从文学角度就摄影与文学关系的大多数公开论述往往更多地被视为“文学与摄影”的研究[2]。各种选集和调查研究专注于研究作家们在其作品中接受、拒绝或使用照片的方式，并且在一些情况下，作家还要与摄影师合作；更大范围的调查研究已经考虑到了现代文学中越来越多地使用照片[3]。更多理论过硬的批评家通过文学提出了摄影的著述或构成问题，并且通过摄影经历提出了文学的调序或乱序问题（reordering or de-ordering）。然而，这其中反复出现的一个假设是：文学是二者之间更古老、更普遍、更有序，且更成熟的一种文化形式，而摄影，姑且不算是麻烦制造者的话，也是（仍然是！）新生事物，是一个外来物。罗兰·巴特（Roland Barthes）这位可以称得上摄影界最具影响力的批评家在其著作《明室》（*Camera Lucida*，1980）中描述了摄影所带来的“麻烦”。他本人作为文学家后转为符号学家继而成为摄影家的知识背景，证明了摄影仍然是文化矩阵中的新奇事物，也是更为古老而宁静的文学领域里的某种入侵者。诚然，在话语与影像或书面与视觉文化之间关系的西方传统叙述中，或许能观察到同样的关系模式，并且这类叙述在西方哲学中已经根深蒂固[4]。本书没有论述这一广泛的知识系谱，而是从互补的两个方面背离了文学与摄影研究的主流方向。

一方面，正如书名所示，我试图颠倒视角，从摄影和摄影师的角度看待摄影与文学的邂逅。这种选择（不需要排斥更习以为常的文学视角）显然不是一件小事，因为“摄影视角”不易定位和统一。但是文学与摄影“互动”的语料日益增多，用简·拉布（Jane Rabb）的名言来说[5]，摄影与文学交涉的历史成了一个模糊而又零散的议题。从19世纪的大多数时期甚至到20世纪，摄影师基本上不是作家，或者说他们不会公开写作，并且他们认为摄影可以被孤立为一个同质的文化实体,它不追求文学上的地位。随着现代

图2
安德烈·柯特兹（André Kertész），《格林威治村，纽约》，1965年3月17日。银盐印相，摘自《论读书》（*On Reading*）系列丛书。

主义的觉醒，人们越来越认识到摄影是一种独特的艺术形式，摄影与文学的这种隔阂（该提法承认早期重要的例外情况）才开始部分地发生改变。在20世纪后半叶，这种转变变得更加坚实而又具有多样性，摄影集（photo-book）或许正在成为“严肃”的摄影师最充分和最理想的表达方式，并且在许多典型例子中包含了一位“严肃”的作家的立场。与此同时，越来越多的作家开始转向摄影，或是将其作为小说的主要话题，或是作为一种并行的艺术实践。不过，很显然，并非摄影的所有用途和用户均信奉文学为其伴侣。迄今为止，摄影的惯常做法及其广受欢迎的文化用途保持了它与文学之间多样的且有时有些冷漠的关系。因此，无论是从摄影史上的自我意识层面还是从与文学比较的特殊时刻**顿悟**出的摄影观意义上来说，在文学之上或其中形成的摄影理念将成为形容这种转变的一种更为恰当的方式。鉴于此，本书可被理解为摄影与文学的紧急会面史。

相反，文学并非像先前评论所说的那样是一个坚实可靠而又明确的领域。另一个前提是对该书架构的同等重视，因其呼吁的是一个广泛而动态的“文学”概念。在英语、法语和德语中，“文学”一词的意思曾在19世纪上半叶有所改变。那时文学已成为一个内涵广泛的词语，包含了几乎书面和印刷文化的方方面面；根据文字记载，科学被常规性地定义为一种“文学追求”。当我们展望摄影艺术的开端时，应该牢记这种已深深嵌入书面和印刷文化的古老定义。更笼统地讲，正如摄影经常性地被认为是文学的一种替代品，将文学含义扩大到文本或评论层面，这与我的意图具有相关性。与此同时，摄影的诞生或多或少与一个界定更严格且声名鹊起的文学领域的到来不谋而合。法国1800年版斯塔尔夫人（Madame de Staël）著作《论文学》（*De la littérature*）的问世是重要的一步。随着德国浪漫主义的兴起，文学在那时（像艺术一样）被想象为既是文化遗产——特别是民族性文化遗产，又是个体对反射性审美抱负的追求，还是一种传递社会真理的宣扬[6]。大约1830年以后，在西欧和北美的字典中，“文学”一词开始专门作为作家作品集，尤其是小说、诗歌等“文学”活动的标签。与M. H.艾布拉姆斯（M. H. Abrams）对艺术角色由“镜子”转变为“灯”[7]的长篇论述一致，这种对文学的重新定义并不是单纯语义学上的（改变），而是将文学确立为启蒙运动和浪漫主义主要的文化表达形式，它可以说是（西方）文化精髓的或者说最权威的表达[8]。

作为文化背景认可的一种创造性自我的表达方式，随着文学后浪漫主义时期的到来，我试图引起人们关注摄影发明与摄影作为一种基于技术和社会的（视觉）真理般标准的理念之间的一致性。然而，这种一致性还未受到同诸如摄影与实证主义、摄影与历史学等其他类似比较组一样的重视，正是因为19世纪早期的这两项新事物之间似乎有着较强的对抗性，摄影一直以来与“现实主义”及其在哲学、经济学或美学上的各种烙印密切相关，所以它似乎与文学层面的一种开拓精神背道而驰，这种文学上的开拓精神自诩为——至少一定程度上是——尤其是接近无形真理的个人想象的扩张。除了其他方面，如果浪漫主义运动可以被定义为艺术家为将自我确立为“预言家”或“演说家”而做的斗争，那么摄影或者摄影理念在某些方面可以被认为是很大程度上反浪漫主义的，它是对“个体”和“我们”的断言，是自然与社会的对话，随时准备着应对个体表达（时代）的到来。如此这般场景显然非常粗糙，甚至有些支离破碎，那是因为摄影术的发明者之一塔尔博特曾在他的《自然的画笔》中表明，摄影的确可以服务于个体表达和浪漫主义美学。出于这个原因，塔尔博特是本书中的一个主要话题。然而，《自然的画笔》在当时确属独一无二的力作，并且我们也会看到，这与摄影和文学之间的**全面和解**完全不同。然而从21世纪初的角度来看，许多迹象表明，摄影或者至少摄影的某些重要分支领域实际上已经设法拥抱文学了，而大量文学作品越来越多地转向对（摄影的）自身结构和形式的革新——正如制作混合物一般，“摄影文学”或称“摄影文本”[9]关心的主要是对自身结构和行为的探索。因此，虽然本书致力于探索摄影和文学之间广泛的关系史，它提出的问题之一却是摄影如何运用对自我的浪漫主义崇拜将其准确地表达出来。反之，本书也将阐明，在后现代主义时期达到高潮的20世纪各种解构主义趋势已经开始寻求将摄影或影像作为一种工具来帮助文学从这些浪漫主义的起源中解放出来。

但是，我亟需补充的是，这本薄薄的小册子并非意在证明甚至构建一个宏大的历史体系，而是基于先前历史学家们[如艾伦·特拉登堡（Alan Trachtenberg）、简·拉布、简·贝腾斯（Jan Baetens）、南希·阿姆斯特朗（Nancy Armstrong）、菲利普·奥特尔（Philippe Ortel）、伯纳德·施蒂格勒（Bernd Stiegler）等等]所奠定的坚实基础，更为适当地描绘一些（摄影的）演变规律。尽管本书总体的研究方法是编年性的，其章节划分为五大主题或观点，其中不可避免地会忽略或省略一些其他内容，也会出现一些重复。在第一章《记录摄影的发明》中，我重点探讨的是摄影的起源以及包括科学和文学在内的书面文化是如何影响摄影的发明及其传播的。在第二章《摄影与书籍》中，随着后来摄影与书籍在空间性和经济性上的结合，二者之间的基本联系得以加强，我把书籍描述为这一媒介的主要流通形式。在第三章《摄影的文学探索》中，我调查了大量作家对摄影的态度，并以罗兰·巴特的《明室》为例再现了当时进行的摄影探索，这种探索通常示意了摄影对文学的异质性。在第四章《摄影文学》中，我回到"摄影的角度"勾勒了一部摄影师关于文学的实验史，或称之为自传、宣言、小说，或新近时髦的说法——表演。最后，在第五章《文学摄影》中，通过概括摄影将文学影像化的各种模式——从作家的肖像到带插图的文本，再到现如今的"照片文本化"实验，我力求能够完整地描绘出这个"杂交"过程。正如我们看到的，一些可辨别的概念模式确实会在这段历史中涌现出来，特别是关于摄影与现实、存在和表现（尤其自我表现）的关系。不过，这段历史的未来愿景主要是以文化形式将社会艺术研究的理念与实践联结起来。

第一章

记录摄影的发明

摄影术的发明者为法国人达盖尔（Daguerre）。准确地说，摄影术一词的拼写应为Daguerréotype（银版摄影法之意），而从其发音来看似乎应拼写成Dagairraioteep。法语中需要达盖尔名字的第二个“e”上有一个强调的音符。

——埃德加·爱伦·坡（Edgar Allan Poe），1840年[1]

长久以来，当代批评已经把摄影与“影像”或“媒介领域”[2]的诞生以及相应的书面文化的消亡或衰落联系起来，然而，从摄影术的开端及发展来看，丝毫看不出海量影像会颠覆书面文化根基的迹象。**“摄影”**一词的创造本身就反映了印刷传统 [约翰·赫歇尔（John F. W. Herschel）将该词与**平版印刷术和铜版雕刻术**联系起来]，而不是诸如“阳光绘画”或“光绘”这些流行的注释，然而塔尔博特早期关于**“光照相术”**（skiagraphy，即“利用影纹制作出的图画或文字”）的理解将他的发明与文字联系起来。[3] 很多摄影先驱的首次实验都围绕书面或印刷文献的复制展开，这其中包括尼埃普斯的平版印刷案例、海格力斯·弗洛伦斯（Hercules Florence）的证书，以及塔尔博特早期光学成像的手稿。如果影像在19世纪确实不曾依赖印刷和书面文字而呈现，对于历史学家而言，对摄影早期的研究仍然主要基于对书面资料的探究——这其中往往掺杂一些它们自身的历史，而不是依靠“影像”本身。任何关于摄影、科学或法律话语，以及系谱语言方面发明的叙述往往忽略了摄影的存在，这是不充分的，有时在视觉上会给人以平庸之感。这些系谱叙事承认摄影发明的变革性及其在看似普遍的“人类梦想”中的根源，它们通常借助文学资料与手法来充实这种新的媒介。最终，伴随早期摄影图像的书面话语的数量证明了摄影在最初的几年甚至是数十年里所处的附属地位。[4] 然而，19世纪的摄影师们通常不会写太多的文字，多数文字用于记录文学或科学成果的发展，这些领域有更多或更好的写作机会，而它们所扮演的社会功能的意义——如果要被记录下来——也是由作家和记者来完成的。因此，我将在本书第一章对“摄影发明必须在书面文字状态方面有恰当的愿景规划”这一问题进行讨论，从某些方面来说，这种媒介在后期的发展中也将挣脱出这种状态。

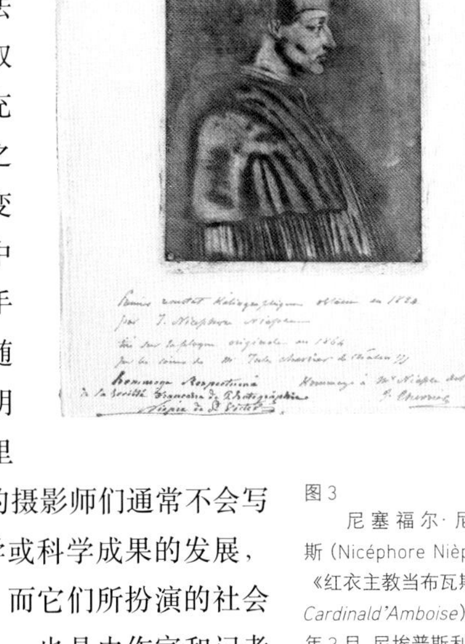

图 3

尼塞福尔·尼埃普斯（Nicéphore Nièpce），《红衣主教当布瓦斯》（*Le Cardinald'Amboise*），1827 年 2 月。尼埃普斯利用“日光摄影法”对一幅 1650 年的版画的再现。纸上的证明文字由雕刻师勒梅特（Lemaître）从尼埃普斯 1826 年得到的原始雕版上复制。

多数学者认为，1839年发生的一系列事件催生了第一本介绍摄影流程的书的出版，这也标志着（公共）摄影史的开端。这一系列事件开始于1月7日，在法国科学院这一年的第一次会议上，物理学家弗朗索瓦·阿拉戈（François Arago）首次对达盖尔的“成果”做了部分描述，并继续介绍了塔尔博特随后与英国学术机构的沟通。伴随着工业化世界带给世人的惊人轰动，摄影以法英两国之

图 4

卷首图片为达盖尔的雕版印刷肖像，扉页来自路易-雅克-芒代·达盖尔（Louis-J.-M. Daguerre）的著作《达盖尔摄影法和透视画馆的历史与工艺》（*Historique et description des procédés du daguerréotype et du Diorama*，巴黎，1839年）。

HISTORIQUE ET DESCRIPTION

DES PROCÉDÉS

DU

DAGUERRÉOTYPE

et du Diorama,

PAR DAGUERRE,

Peintre, inventeur du Diorama, Officier de la Légion-d'Honneur, membre de plusieurs Académies, etc.

Nouvelle Édition,

CORRIGÉE, ET AUGMENTÉE DU PORTRAIT DE L'AUTEUR.

Paris,

ALPHONSE GIROUX ET Cie, ÉDITEURS,

RUE DU COQ-SAINT-HONORÉ, N° 7,

où se Fabriquent les Appareils;

ET CHEZ LES PRINCIPAUX LIBRAIRES, PAPETIERS,

Marchands d'Estampes et Opticiens.

1839.

间学术竞争的形式出现，这场竞争最终以法国给伊西多尔·尼埃普斯（Isidore Niépce）和达盖尔发放终身年金告终，作为交换，他们须将他们的摄影法出版。[5]总的来说，这一系列事件充满了话语和写作的因素；其发生是经由叙述，而非展示。在1838年底到1839年秋季期间，更多实用的细节出现，一小部分摄影发明圈子之外的人，即学术机构和欧洲国家政府的部分成员，也只能够接触到各种各样的照片，更不用说摄影方法了。尽管达盖尔一再警告说，“即便是最详细的描述也不够，还是需要看摄影的操作工艺”，[6]但是（除了阿拉戈自己）法国的官方程序却没有给其他任何人这样的机会——直到6月份，即终身年金法案被提交议会之前，达盖尔的银版摄影作品甚至几乎没怎么展出。直到1839年8月，达盖尔的银版摄影法才在科学院和艺术院的一次联席会议上得以最终公开——这次依旧是由阿拉戈发言，达盖尔以“嗓子痛”和“有点羞涩”为由拒绝了发言。[7]即使那时，很少有人看到他的小型银版摄影作品，**Daguerréotype**这个古怪的单词首先向人暗示了一种神秘感。

塔尔博特更热衷于展现他的光学成像作品，早在1839年1月25日，他的许多作品就在英国皇家学会展出过，但他并没有将它们拿去巴黎作比较或是用来支持他向法国科学院提交的承认优先权的请求。拉里·沙夫（Larry Schaaf）将他的这种情况称之为“困境”，的确，这种“困境”主要是关于何时、以何种方式向皇家学会公布他1月31日的研究报告。[8] 其他几个摄影发明家所宣称的观点也同样是由文字说明支撑的。可以确定的是，摄影发明的文字记录是一个大杂烩，在这个大杂烩里充满着各种脆弱的、令人难以捉摸的视觉证据，那些负责评估发明的人就是靠这些视觉证据对这项发明进行评判。摄影发明的文字记录之所以如此谨小慎微，也是出于摄影发明者们想保守他们的秘密，并且达盖尔迫切地想利用他的银版摄影法来赌一把，以改善他的经济状况。然而，所有这些因素都最终反映了评估本身的逻辑。由于其赌注的合法性，所以评估基本上要依靠（法定）语言。包括银版摄影法、利用光来绘画，以及其他一些较弱的竞争对手在内，均声称他们的影像识别技术是**发明**，而不是（新的）艺术形式，在法国国家奖励的诱惑下，这种情况愈演愈烈。摄影的早期阶段就是通过一系列的法定程序呈现出来的，而法国和英国之间的竞争(以及阿拉戈的“左翼”倾向)为这些法定程序增加了民族主义和意识形态的维度。因此，无论作为书面形式还是口头形式，语言都是摄影的主要沟通渠道。（要是科学机构以前能够希望以某种**视觉**方式公布他们的研究成果，那么他们最终能做到的就是将照片雕刻成版画。包括塔尔博特早期利用光绘画在内的摄影几乎不能向公众展现自身的内涵。只有在推出其插图本书籍《自然的画笔》后，塔尔

图 5
西奥多·莫里塞，《达盖尔摄影法的狂热》（*La Daguerréotypo manie*），1839 年 12 月，涂色石版印刷画。

博特才算首次使摄影的自我表现得以实现。）而对于整个世界而言，正如西奥多·莫里塞（Théodore Morrisset）著名的漫画《达盖尔摄影法的狂热》所展现的那样，的确即使是许多科学家，也是先在媒体报道或广告和海报上读到有关图像的文字很久之后才看到的摄影图像。摄影就像19世纪的其他发明一样，先作为一个事件而为人们所知，并付诸文字，然后才在视觉上呈现在人们面前。这种话语上的先发制人意味着摄影首先作为一个概念或文本而被人们接受，而不是一幅图片，更不是一项实验。对于一项被描述为“自然的自我呈现”的发明而言，这种情况是相当矛盾的：自然的图像，在进入公众视野之前，已经被列入文化的产物。

同样引人注目的是摄影法的从属问题，尽管摄影术被列为科学领域的发明，但在表达其新颖性时往往采用文学性语言。正如保罗·路易斯·鲁贝尔（Paul-Louis Roubert）所说，阿拉戈的部分披露赋予银版摄影法的，如果说不是一个传说，那也是一个文化创造的光环，但绝不仅仅是一个科学发现。关于这一点，批评家朱尔·雅南（Jules Janin）在1839年1月27日刊发的《艺术家》（*L'Artiste*）中给出了尤为明了的解释，这也通常被认为是早期最有影响力的媒体报道。该报道赞美银版摄影法为圣经中**"要有光"**（Fiat lux）的当代领悟，并对其能够记录像"沙粒"这样极为微小的细节以及更令人难以置信的"鸟儿飞过的身影"感到惊叹。[9] 更发人深省的是，有观看达盖尔银版摄影作品特权的人写给世界各地记者的各种信件。不管是否打算将银版摄影法出版，他们为其从中进行斡旋付出了巨大的努力，而且这么做，使我们在描述摄影时倾向于在科学语言和诗歌、小说、幻想语言之间游移不定。作为科学院的荣誉院士和阿拉戈的私人朋友，亚历山大·冯·洪堡（Alexander von Humboldt）是选中的少数评审委员会委员之一。他在1839年2月2日写了这样一封信给卡尔·古斯塔夫·卡鲁斯（Carl Gustav Carus）。虽然总体保持了十分清醒的基调，但这封信记载了利用银版摄影记录的生动细节给人的神奇启示。从一个用于观察卢浮宫庭院的放大镜中可以看到"位于每扇窗户上的稻草叶片"，而令洪堡惊奇的是，在达盖尔的银版定影中，"稻草叶片并没有消失！"[10] 正如罗兰·雷希特（Roland Recht）所展示的，如此令人惊叹的事情所显现的对细节的迷恋，加上一个看似自然的景观制作过程所营造的感情诉求和内在共鸣，一次又一次地映射着对浪漫主义文学和美学的关注。例如，E.T.A.霍夫曼（E.T.A. Hoffmann）或纳撒尼尔·霍桑（Nathaniel Hawthorne）的小说中对此进行了阐释——

图 6
路易 - 雅克 - 芒代·达盖尔，《巴黎圣殿大道》(*View of the Boulevard du Temple*)，1838 年或 1839 年，达盖尔银版摄影法。与该作品同一系列的另外一份影像现已丢失。图中左下角可见一个“没有身体或头部”的人正在擦鞋。

虽然浪漫主义美学大都强调“主观”观察者的首要地位，但正如乔纳森·克拉里（Jonathan Crary）所暗示的，或许可以解释为对摄影的抵制。[11]

还有一封信，相比洪堡的信而言不那么微妙，却具有更加明晰的梦幻色彩，这就是萨缪尔·摩尔斯（Samuel F. B. Morse）于1839年3月9日写给他兄弟的信。这位美国画家、发明家曾去法国为他的电磁电报项目寻求支持，在巴黎逗留期间他访问了达盖尔的工作室。整封信一字不差地于4月20日发表于《纽约观察者》（*New York Observer*）杂志上，这封信向美国人公开宣告了这项发明。[12] 和其他评论员一样，摩尔斯不仅使用了十分夸张的语言来形容达盖尔的银版摄影[“简直和伦勃朗（Rembrandt）的画一样完美”]，还将其归于绝妙甚至梦幻领域。在回顾达盖尔的一张巴黎圣殿大道（Boulevard du Temple）的照片时，摩尔斯对**照片中的景象**进行了细致的描述：

圣殿大道，不断充斥着熙来攘往的行人和马车，它是完全孤独的，唯有一人驻足，正在擦他的靴子。自然，他的双脚不得不停下来一段时间，一只放在擦鞋箱上，另一只站在地上。因此，他的靴子和腿轮廓鲜明，清晰可见，他的身体或头部却看不清，因为它们一直在移动着。

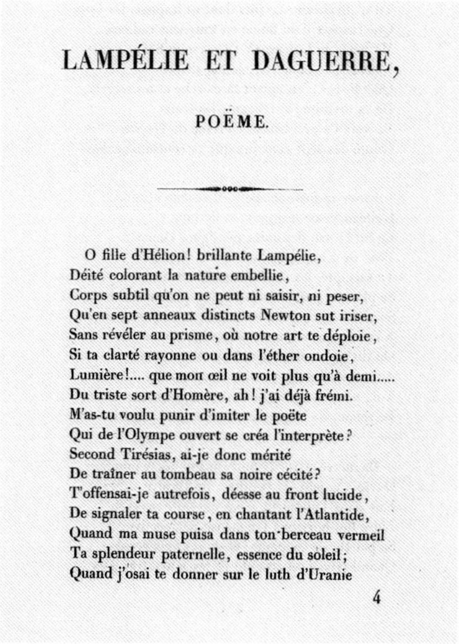

LAMPÉLIE ET DAGUERRE,

POËME.

O fille d'Hélion! brillante Lampélie,
Déité colorant la nature embellie,
Corps subtil qu'on ne peut ni saisir, ni peser,
Qu'en sept anneaux distincts Newton sut iriser,
Sans révéler au prisme, où notre art te déploie,
Si ta clarté rayonne ou dans l'éther ondoie,
Lumière!.... que mon œil ne voit plus qu'à demi.....
Du triste sort d'Homère, ah! j'ai déjà frémi.
M'as-tu voulu punir d'imiter le poëte
Qui de l'Olympe ouvert se créa l'interprète?
Second Tirésias, ai-je donc mérité
De traîner au tombeau sa noire cécité?
T'offensai-je autrefois, déesse au front lucide,
De signaler ta course, en chantant l'Atlantide,
Quand ma muse puisa dans ton berceau vermeil
Ta splendeur paternelle, essence du soleil;
Quand j'osai te donner sur le luth d'Uranie

4

图7

寓言诗《朗佩利与达盖尔》的开篇之句，该诗作者为内波米塞娜·勒梅西埃，"透视画馆画家的天才发明（Sur la découverte de l'ingénieux peintre du Diorama）"，是一部向达盖尔致敬之作，于1839年5月2日在法国科学院宣读（巴黎，1839年）。

这幅写画（ekphrasis）依照爱伦·坡的形式被解读为一个梦幻般的故事，正因如此，根据罗伯特·塔夫脱（Robert Taft）的观点，许多人将之视为一个骗局。很偶然地，这幅写画也使摄影与缺失和（象征性）死亡开始联系起来，而直接成为设想的情景深深地融入公众意识之中。如此这般奇妙的解读并不是孤立的，也不是专属于乡野或大众评论员，它们是从1839年的大多数正式声明中筛选出来的。

证实了摄影早期"文学虚构性"的引人入胜但不广为人知的文献是一部名为《朗佩利与达盖尔》（*Lampélie et Daguerre*）的史诗，该史诗的作者为法国杰出院士内波米塞娜·勒梅西埃（Népomucène Lemercier），他是半官方作家，也是新古典主义悲剧和寓言诗歌创作家，在现代神话研究方面尤为擅长。内波米塞娜·勒梅西埃在该书前言中断言，以永恒的神话语言来歌颂他们所处时代的成就是当代作家的职责。勒梅西埃将达盖尔发明的历史改写为阿波罗（Apollo）的两个女儿圣光女神朗佩利（Lampélie）和火之女神皮罗菲斯（Pyrophyse）之间持续争斗的一个小插曲。这部巨型史诗将火烧达盖尔透视画馆（Diorama）的破坏行为视为皮罗菲斯因妒忌而致。在史诗最后，在阿波罗的授意下，达盖尔和容光焕发的朗佩利最终成功举行婚礼，达盖尔银版摄影（daguerreotype）便是他们爱情的结晶，达盖尔并在阿拉戈的指导下，为“帝国”的摄影探索铺平了道路。[13] 当该史诗在1839年5月2日举行的法国研究院五大学院一年一度的联席会议上宣读时，这段人为编造的部分被从摄影与文学文集中去掉了。然而，勒梅西埃创作的这部歌颂史诗将摄影的神话——甚至可以说神学——解读视为一个普罗米修斯式的壮举，这也将成为19世纪这类主题文章的一大常规特征。[14] 在法国举行的歌颂达盖尔的声势浩大的爱国运动中，这部史诗虽然只处于附属地位，却充分阐释了一种影响人们对摄影接受度的学术文化，至少在法国是这样。在这种学术环境下，摄影术发明被作为一种新的范式对世人公布，这不仅对已经为人接受的科学和艺术的关系是一种质疑，还将发明本身作为一种非凡的奇迹推到显著的位置。这项发明避开了以全科学语言来解释，然而，更重要的是，由于这项发明是以对社会整体有益的姿态呈现的，它似乎迫使拥护者们以“文学”术语对其进行描述。

关于这一点，在1839年6月弗朗索瓦·阿拉戈在众议院做的著名演说中尤其明显，这次演说是为养老金法案寻求支持。瓦尔特·本雅明（Walter Benjamin）在描述这个被广泛转载和引用的演说时写道：“它指出了摄影在人类活动方方面面的应用。”[15] 值得一提的是，摄影的这种普遍性部分取决于将一种技术发明和手工操作抽象为一个极其简单而富有吸引力的概念——对此阿拉戈几乎没有提及。法国内政部长塔内吉·迪沙泰尔（Tannegni Duchâtel）将这种抽象化表达得最为简洁。他在向法国议会汇报时提出，达盖尔的发明不能申请专利，因为相比发明而言，它更应该算是一个概念性的东西，一旦对外公布，“每个人都将能够学会使用”。[16]我曾经在别处详细地评论过这个概念，它汇集了自然概念（或者不涉及艺术形式的艺术）和民主概念（面向所有事物的艺术）——或者，如罗兰·雷希特提议用保罗·瓦莱里（Paul Valéry）的话来诠释，即“最少的人明白”（创造阶段）和“尽可能多的人明白”（后续应用阶段）。[17]对于阿拉戈激进甚至左倾的政治观点而言，摄影就是一种宝贵的资产。摄影的概念可以发挥国家监管下现代化的圣西门哲学思想的作用，但从更为严格的政治层面上来说，这一概念支持民主理念的进步——仅仅在文化领域——而自我呈现的概念可能是这种民主理念的一个动人的隐喻。阿拉戈向法国议会做的演说中一个最富有成效的方面是，该演说没有赘述摄影术的科学起源、解释或是摄影的用途，而是站在一个非专业的立场，运用普通的大众话语推定摄影推广普及的可能性，这是一种对文化而不是科学的推动。科学院的秘书长竟然强调，达盖尔摄影术尚未完全科学地解释清楚，并且指出他要将这项任务推迟到养老金法案通过之后进行。因此，作为奖励发明者的科技官方部门的代表，一方面他口吐名言“将摄影送给全世界”，另一方面，他还同时强调了发明、发明者、技术和实践与科学的理想逻辑之间的隔阂，甚至是疏远。人们对达盖尔银版摄影术魔力的困惑，加上迫切地想使摄影这一概念尽可能地普及并为人所用，这正解释了阿拉戈在演说中借助于文学文献和手法庆祝摄影现代性的原因。

这次演说旨在为两位发明者的项目寻求国家资金支持，阿拉戈必须证明他们的成果确实是全新的，而且具有独创性。因此需要介绍这项发明的**历史**，自那时起这段历史也成了摄影文学的一个重要来源。阿拉戈对摄影起源的叙述基

ASPICIT ET INSPICIT

IO. BAPT. PORTAE
NEAPOLITANI
MAGIAE NATVRALIS
LIBRI XX.
Ab ipso authore expurgati, & superaucti, in quibus scientiarum Naturalium diuitiæ, & deliciæ demonstrantur

I De mirabilium rerum causis.
II De varijs animalibus gignendis.
III De nouis plantis producendis.
IIII De augenda supellectili.
V De metallorum transmutatione
VI De gemmarum adulterijs.
VII De miraculis magnetis.
VIII De portentosis medelis.
IX De mulierum cosmetice.
X De extrahendis rerum essentijs.
XI De myropoeia.
XII [illegible]
XIII De raris ferri temperaturis.
XIIII De miro conuiuiorum apparatu.
XV De capiendis manu feris.
XVI De inuisibilibus literarum notis.
XVII De catoptricis imaginibus.
XVIII De staticis experimentis.
XIX De pneumaticis.
XX Chaos.

CVM PRIVILEGIO.
NEAPOLI, Apud Horatium Saluianum. D. D. LXXXVIIII.

图 8
吉安巴蒂斯塔·德拉·波尔塔的著作《自然魔法》(*Magiae Naturalis*) 第 20 卷的扉页（那不勒斯，1589 年）。

于非常理性的立场，然而还是留下了令人感到迷惑的空间。一方面，摄影是现代科学或通过科学解释的现代发明的积极向上的创作结晶，并且终结了持续数百年毫无结果的猜想。另一方面，尼埃普斯和达盖尔对摄影术的领悟偶然地实现了一个“人类古老的梦想”，并且同样展示了欲望的逻辑（并非理性的逻辑）[18] 以及一个麻木了科学及其验证程序的绝妙的特征：一方面，从徒劳的文本猜测意义上而言，摄影是“文学”的终结；另一方面，从记录想象意义上来说，“文学”是摄影的图像。

因此，阿拉戈第一次煞费苦心地想要把这项可验证并可重复使用的发明与之前的“人类古老的梦想”区别开来。[19] 一脸茫然的议会议员们被告知，“那个（古老的）梦想刚刚实现了”，也就是说，摄影发明在之前曾经就是一个梦想，而现在已经不是了。摄影冲破了数百年来的黑暗而散发出的曙光通过对整个摄影历史的概述得到了强化，这也是对摄影历史一个重要次级类型的首次详细阐述。阿拉戈的系谱学产生的影响非常广泛深远，并将矛头典型地对准了有争议的原始材料。首先，他首创了摄影的炼金术血统（alchemical lineage），错误地将**照相机暗盒**的发明归功于16世纪的意大利博学家吉安巴蒂斯塔·德拉·波尔塔（Giambattista della Porta）。照相暗盒的发明出自当时一个顶级的光学专家，而阿拉戈则忽略了自亚里士多德到牛顿以来光学的整个学术传统，显然有失偏颇。同样令人深省的是，鉴于1839年整个科学界

将摄影发明视为一个化学的而非光学领域的突破，阿拉戈仅对达盖尔运用碘化银的化学背景做了粗略论述（尤其在18世纪光化学的英文和德文材料中）。与波尔塔相关的论调在1839年非常流行，在达盖尔的论文中还存在一幅波尔塔的画像。[20] 自阿拉戈以后，历史学家们就已经对摄影与炼金术之间的关系进行了探索，[21] 但阿拉戈的关注点明显不同于他人。这位法国物理学家一直在为摄影术寻找一个令人惊叹的，即反理性的鼻祖，这一点在他的系谱学的另一段文章中非常明显。阿拉戈急切想要将法国发明者

（左上）图 9

E.J.-N. de Ghendt 制作的雕刻插图，图中一位旅行者骑着一只鸵鸟快速前行，该图选自西拉诺·德·贝尔热拉克的著作《奇闻怪谈》（*Voyages imaginaires, songes, visions et romans cabalistiques*）第 13 卷中的《鸟类自然历史》（“*L'histoire des oiseaux*”，阿姆斯特丹，1787 年）。这部充满想象的旅行叙事文集也包括西拉诺的《月球旅行记》。

（对页）图10
W. 马歇尔（W. Marshall）在《论新世界与新星球（两册）》（*A Discourse Concerning a New World & Another Planet in Two Books*，伦敦，1640年），两册书中的第一册为约翰·威尔金斯著的《发现新世界》（*The Discovery of a New World*）。

的成就与启蒙运动之前的黑暗做对比，他影射了与“西拉诺·德·贝尔热拉克（Cyrano de Bergerac）或约翰·威尔金斯（John Wilkins）的大胆设想”之间的**对立推理**。[22] 西拉诺·德·贝尔热拉克是著名作家，代表作有《月球旅行记》（*Voyage dans la Lune*, 1657），一个深受大家喜爱的关于他的故事的重印本于1787年（达盖尔出生之年）开始发行。约翰·威尔金斯是切斯特大教堂的主教，也是英国皇家学会的首任秘书长，他分别于1638年和1649年出版了两本关于发现“月球世界”的书，并且在1641年，完成了一篇关于密码学的论文，该论文在17世纪和18世纪赢得了当时学界的广泛赞同。这两个参照都十分重要，不仅因为他们将摄影发明与科学幻想的经典缩影——月球旅行（洪堡在写给卡鲁斯的信中对达盖尔的月球“画像”感到十分惊奇）建立了联系，还因为这两个参照都具有相当的不特定性。西拉诺和威尔金斯都没有什么摄影背景，阿拉戈用他们“大胆设想”的通俗事例作为论据来突出现实中摄影与文学边缘的决定性分离。

自19世纪40年代中期以后，后来的评论者就扩大了“摄影文学预言属性”的题材，尤其是在重新发现了《基凡泰》（*Giphantie*）这部鲜为人知的法国18世纪的小说之后，该小说主要叙述了想象的旅行，描写了以一个特殊的涂层固定影像的“基本精神”，并且该小说也成为文学预言能力拥护者们的一个重要源头。[23] 人们习惯性地将摄影和世界其他发明与经典幻想小说联系起来，例如，《天方夜谭》（*The Arabian Nights*，又名《一千零一夜》，在西方被称为《阿拉伯之夜》——中译者注）。[24] 在1900年前后，奥地利化学家约瑟夫-马理亚·艾德（Josef-Maria Eder）对历史尤其是摄影历史进行了百科全书式的研究，这使他搜集了大量的文学资料，包括例如拉丁诗人斯塔提乌斯（Statius）的一些鲜为人知的诗歌。在20世纪，基于埃德尔（Eder）及其他德语历史学家的研究基础，赫尔穆特·葛先姆（Helmut Gernsheim）对有关“摄影起源”的广泛的叙述进行了推广，并得出结论，“摄影史上最伟大的奥秘”是“摄影没有在早些时候被发明出来”，从而大大削弱了它在1839年出现时的爆炸性效应。[25]

到2000年，摄影术发明——这时也与亚洲传说故事中的“神奇画笔”联系了起来——似乎已经成为一个全球普遍的神话和一个很大程度上多因素决定的事件。

相反，阿拉戈首要关注的是将摄影术的发明视为一场革命。然而，法国院士则强调科学作为“助产士”对这一突破所发挥的超级力量，当然他对通过摄影揭开的新领域中的神奇机遇也没有避而不谈。在演说中，阿拉戈进一步详细阐述了“意料之外”作为发明创造过程中的一个源头，对此他列举了这样一个例子：“几个孩子很偶然地把两个透镜放在了一个管子的两头”，就这样发明了望远镜。[26] 在1840年对达盖尔银版摄影术的评论中，埃德加·爱伦·坡对这种理性主义的奥秘有了些领悟，所以他坚持密切回应阿拉戈：“我们很大程度上必须要指望这种‘意料之外’。”[27] 事实上，科学院秘书长是不屑于再为这整个过程增加戏剧性的，这使科学界一些更保守的人批评他不通过解释而是将发明与神秘和感觉联系起来，这对发明是一种玷污。[28] 的确，正如阿拉戈废除了过去“大胆的设想”一样，他也唤醒了他所处时代的文学和文学效果，并且他的摄影图片在多个方面对现代文学的想象有着吸引力。在他熟练地再现摄影的起源时，阿拉戈把世界科学历史的广阔前景与（法国）发明者的个人优点结合了起来，他首先把目光投向了“已故的尼埃普斯先生，一个生活在法国沙隆附近地区的退休了的农场主”，他“将自己的闲暇时间投入了科学研究”。[29]

在铸造方面，这位乡绅变成了一个成功的（或许还有点古怪的）发明家，阿拉戈向世人展示了一个有点平民主义和巴尔扎克式风格的形象，就是这个孤独的乡下天才私下里成功地创造了声名显赫的科学家们都无法企及的奇迹。阿拉戈在寻找一种“固定”尼埃普斯影像的方法时，他发现，“这位来自沙隆的朴实的实验者”已经“早在1827年就解决了一个世界难题，这个难题已经连韦奇伍德（Josiah Wedgwood，乔赛亚·韦奇伍德，英国著名瓷器品牌韦奇伍德瓷器的创始人）和汉弗莱·戴维（Humphry Davy，英国化学家、发明家，电化学的开拓者之一）这样的大智之人都拒之门外”。

可以确定的是，这样的赞辞是出于爱国主义的因素；但同时这也成功地将摄影发明融入了一种大众文化，即普通人的现代性，对于这种文化而言，传记文学，不管是基于史实的还是虚构的，是其特权语言之一。阿拉戈是一位著名作家，擅长写作科学家和发明家生活方面的题材。对于虚构性传记而言，巴尔扎克（Balzac）在《路易·朗贝尔》（*Louis Lambert*）等小说中特别塑造了几个发明家人物（有些还具有相当的神秘性）。纳达尔（Nadar）和马修·布雷迪（Mathew Brady）分别在其代表作品《纳达尔的众神像》（*Panthéon Nadar*）和《美国名人摄影肖像廊》（*A Gallery of Illustrious Americans*）中将现代风格英雄主义传记的阐释和普及与摄影有力地联系起来。后来的评论家们对发明家的传记及其意外新发现的精彩瞬间**自由阐述**，如法国的路易斯·费及耶（Louis Figuier）和弗朗西斯·韦（Francis Wey），他们围绕摄影发明创造了一个完整的传奇。[30] 最后，在他演说中或许最具活力的一段中，阿拉戈专注于以达盖尔银版摄影法再现象形文字的“独到优势”，以其过去的条件语气和明显怀旧的语调，选择性地提到了法国浪漫主义、拿破仑时代，尤其是拿破仑远征埃及的初始时刻：“每个人都会意识到，要是我们在1798年就拥有了摄影术，今天我们就能留下那些由于阿拉伯人的贪婪和某些旅行者的故意破坏而导致学术界永远失去的东西。”[31] 此外，这种断言显示了一种爱国主义立场，也透露着对阿拉伯人甚至盎格鲁人的恐惧。然而，从法国人的文学爱好来看，它密切呼应了像阿尔弗雷德·德·缪塞（Alfred de Musset）著的《一个世纪儿的忏悔》（*Confession of a Child of the Century*，1836）、司汤达（Stendhal）的《卡尔特修道院》（*Chartreuse de Parme*，1839）这些具有划时代意义的浪漫作品所要渲染的气氛。前者讲述了一个青年在期待其光辉未来的过程中于1815年经历挫败后的悲伤之情，后者出版于1839年（阿拉戈也正是在这一年在议会发表他的演说），该书一开始就描述了滑铁卢战役宏大的不详画面。达盖尔的银版摄影中也充满了浪漫的回忆。

MUSÉE DES FAMILLES. 261

Il est permis de présumer que jusqu'à ce moment, et même un an plus tard, Daguerre n'avait rien trouvé. Cependant, à partir de ses relations suivies avec Niépce, il commença, dans le monde, à annoncer quelques modestes résultats : en 1826, il racontait chez M. Redouté qu'il espérait *fixer les rayons solaires*, et qu'il était déjà parvenu à copier les pincettes de son foyer. On se demanda, m'a dit un des assistants, M. Robelin l'architecte, s'il avait le cerveau troublé.

Pendant près de trois ans Daguerre entretint avec Niépce une correspondance assez suivie, et il acquit la certitude que son rival avait réussi. Cependant ce dernier conserva longtemps une défiance dont il nous reste un témoignage d'autant plus curieux, qu'il en résulte la preuve de l'inanité des recherches de Daguerre à la date de février 1827. Ce document est le *post-scriptum* d'une lettre de Niépce à son confident, M. Lemaître, graveur, à qui il envoyait des images obtenues sur plaques d'étain,

Daguerre découvrant l'effet d'une cuiller oubliée sur une plaque. Dessin de M. Gustave Janet.

et destinées à la gravure. « Connaissez-vous (demandait Niépce) un des inventeurs du *Diorama*, M. Daguerre? Ce monsieur ayant été informé de l'objet de mes recherches, m'écrivit, l'an passé, pour me faire savoir que depuis fort longtemps il s'occupait du même objet, et pour me demander si j'avais été plus heureux que lui dans mes résultats. Cependant, *à l'en croire*, il en aurait obtenu déjà de très-étonnants, et, malgré cela, il me priait de lui dire d'abord *si je croyais la chose possible*. Je ne vous dissimulerai pas, monsieur, qu'une pareille incohérence d'idées eut lieu de me surprendre, pour ne rien dire de plus, etc... »

Ce qui n'est pas douteux, c'est qu'à partir de ce moment Daguerre se livra à une foule d'essais avec une grande activité, espérant sans doute réussir seul et sans secours. Il est probable qu'il ne put y parvenir, et que néanmoins ses travaux ne furent pas sans fruit, puisque, en 1829, ces deux messieurs jugèrent opportun de s'associer pour exploiter en commun la découverte.

Evidemment, les résultats obtenus par Niépce duren

图 11
弗朗西斯·韦，《如何利用阳光进行绘画：达盖尔银版和摄影的历史》（*How the sun became a painter: History of the daguerreotype and photography*），选自《家庭博物馆》（*Musée des familles*），1853 年 6 月。图中版画为古斯塔夫·珍妮特（Gustave Janet）所画，显示了“达盖尔发现了盘子里勺子的作用”。

诚然，滑铁卢、拿破仑以及法兰西帝国灭亡的回忆在1839年成了法英两国之间关于摄影发明竞争的一个象征性背景，当然这并不只是在法国。让达盖尔感到困扰的一个人是塔博尔特，他在其1839年7月的私人研究手册中用“**滑铁卢**”和“**威灵顿**”的名字来指代各种化学制备方面论文的名字，[32] 后来，他继续这样指代了一类“滑铁卢论文”，他希望这样会实现其对达盖尔银版摄影的报复。正如拉里·沙夫曾恰当地写道：“塔博尔特的滑铁卢和威灵顿论文恰好讽刺地表明了对他的法国竞争对手的态度。”[33]然而，对阿拉戈而言，埃及和拿破仑战争不仅仅是体现塔博尔特爱国主义精神的“国家”层面的舞台，它们也是人们的回忆之所在。后革命时代的战争和拿破仑本身在文学中被视为欧洲的英雄和反英雄，而从歌德到拉尔夫·沃尔多·爱默生（Ralph Waldo Emerson）这样的浪漫主义学者从未停止对其作为现代先驱的审议。塔博尔特本人也参与了这种狂热的活动，尽管有些含糊其辞，在1839年，他用镜头再现了拜伦（Byron）《拿破仑颂》（*Ode to Napoleon*）中的一节亲笔手稿，以此向赫歇尔（Herschel）阐释他的观点，即通过摄影机构“每一个人都可以成为自己的印刷商和出版商”。[34]

和他之前的摄影合伙人约翰·赫歇尔以及皇家学会的其他支持者一样，这位英国发明家深深地意识到，这场围绕摄影发明的科学和外交上的竞争也是一个叙述上的较量。塔尔博特的论文于1839年1月31日在英国皇家学会宣

图12
路易-雅克-芒代·达盖尔，《珍奇百宝屋内景》（*Interior of a Cabinet of Curiosities*），1837年。达盖尔银版法的照相再现。

（对页）图 13

威廉·亨利·福克斯·塔尔博特，出自拜伦勋爵之手的《拿破仑颂》中的一节。利用光学成像制成的拜伦手稿的底片，1840年 4 月之前完成。

读，论文题目赫然为《关于光的绘画艺术的一些解释》（*Some Account of the Art of Photogenic Drawing...*），题目中“**解释**”一词预示了一种系谱性和描述性相当的论述，虽然这种论述与阿拉戈的演说有着很大的差异。塔尔博特在该论文开始如是写道：“在1834年春天，我开始将我之前一段时间设计的方法付诸实践。”[35] 塔尔博特以前曾认为利用**光绘画**是一个生产和生成或出现的过程，即一种起源或顿悟，这是基于术语本身而思索的名称，不过后来在赫歇尔的建议下，塔尔博特放弃了这种提法。即便承认在其论文发表时这一摄影法仍然正在完善，塔尔博特坚持对他的实验进行**解说**，这不仅仅体现于更加基于史实的第一部分，在该论文的很多篇幅中，在对其摄影法效果和方法的描述中定期地穿插了自传式语句，例如在§3部分写有如下文字：

图 14

约翰·莫法特（John Moffat），《塔尔博特的画像》（*Portrait of W.H.F. Talbot*），1864 年，蛋白印相肖像名片。

> 在我刚开始这个主题的实验时，当我看到利用光的效用制作的图像是那么漂亮时，让我更加遗憾它们注定只有一个如此简短的存在，因此，如果可能，我决定尝试寻找一种方法来避免这种情况，或者尽可能地延缓这种情况的发生。

塔尔博特反击了阿拉戈的观点，但并非仅仅通过宣告英国的一种不同的独创摄影法。他自始至终使用了第一人称和过去时态（如“I thought”“I resolved to attempt”“I discovered”），并且提出，在他之前很少有研究者明显地对这同一个概念“跟进到任何程度”，塔尔博特将摄影术的发明记录为一件包含了实验和经验的私人事情。而阿拉戈讲述了一个“人类的梦想”，并且概括了一个广阔的摄影背景（虽然涉及一定的虚构成分）。塔尔博特在这篇论文中强调，和很多后来的成果一样，他的发明是他个人的梦想，是一次孤独的冒险经历，有点像一个偶然事件。阿拉戈将尼埃普斯塑造成了一个孤独的并且有点喜欢幻想的发明家，他试图最大化地扩大他干预的修辞效果，就好像摄影需要一个人将摄影的前前后后和盘托出，这样公众才会对其完全理解。相反，塔尔博特不仅使他自身成了自己发明的讲述者，而且在他的“解释”中，他明显地选择不把对“成果”或“方法”的叙述与实验和推理的过程，以及他大脑中滋生的惊奇和情绪分离开来。在一篇题为《论固定阴影的艺术》（*On the Art of Fixing a Shadow*）的著名文章中，光绘画的发明者[此人曾经在1830年写了一首名为《魔镜》（*The Magic Mirror*）的诗]清楚地说明了摄影的神奇特性，而这正是阿拉戈一直以来努力掩饰的（即便他这么做是出于宣传的目的）。出于同样的原因，塔尔博特暗示：“固定”阴影的思想和方法最终相比论文中提出的结果更具有魅力。

我现在简略提到的现象在我看来带有**绝妙**的特性……世上最为短暂的东西、公认的转瞬即逝的代名词——阴影，或许可以通过我们“**自然魔法**”（natural magic）的魅力将其束缚，并且永远地固定在它似乎注定要占据的那个片刻的位置。[36]

罗兰·巴特在《明室》中写道，摄影的出现是世界历史的分水岭。因此，从1839年直至今天，摄影术的发明这一**事件**持续鼓舞着人们在历史以及文学上的想象力，这并不奇怪。我已经提到了在摄影历史及发展方面百科全书式研究的迅猛发展。摄影的发明已经被讲了这么多遍，并且讲述的视角和框架又如此之多，还继续引起了——用理查德·波尔顿（Richard Bolton）的话来说——“一场有意义的竞争”，正因如此，摄影发明的文字记录本身已经成为一种范式，从某种意义上来说也是一种文学类型。詹姆斯·乔伊斯（James Joyce）短篇小说集《都柏林人》（*Dubliners*）中的一个人物回忆到，未来的教皇里昂十三世（Pope Leon xiii）在1867年创作了一首关于“艺术摄影”（Ars Photographica）的诗。[37] 在20世纪，布莱恩·奥尔迪斯（Brian Aldiss）、盖伊·戴文坡（Guy Davenport）等作家对摄影发明故事进行了妥善解决，至少在戴文坡非常深奥的博尔赫斯(Borgesian)式解释中，他展示了摄影发明故事已经在多大程度上成为西方文化的一个神话。[38] 在1976年，布赖恩·奥尔迪斯，一位很受欢迎的英国科幻小说作家，在其著作《软化挂毯》（*The Malacia Tapestry*）中将摄影发明纳入了他为达尔马提亚（Dalmatia，克罗地亚的一个地区，包括亚得里亚海沿岸的达尔马提亚群岛和附近多个小岛——中译者注）设想的历史中。曾经当过演员的奥黛特·茹瓦耶（Odette Joyeux）在1989年出版了一本尼埃普斯传记，该传记很大程度上源自想象，她声称年轻的尼埃普斯的研究是通过阅读玄幻小说《基凡泰》受到了启发，摄影的文学虚构在这种毫无根据的说法中兜了一圈后又回到了原点。[39] 广义而言，很多关于摄影对文化历史的意义的文学揣测已经明确地或以其他方式强调了它与更加古老的书面文化之间的差异，如丹尼尔·J.布尔斯廷（Daniel J. Boorstin）在1961年对“图像”的长篇声讨

文字[此处指丹尼尔·J.布尔斯廷1961年出版的《图像：美国虚构事件导论》（*The Image: A Guide to Pseudo-Events in America*）——中译者注]。不过，一些批评家引用早期电影或广告中出现的摄影与语言杂糅在一起的例证，强调了现代图像与文字记录之间的紧密联系，如美国诗人韦切尔·林赛（Vachel Lindsay）1916年对一种新的“象形文字”文明的出现感到惊奇。[40] 顺便提一下，摄影的记录，尤其是公开的摄影记录，成了现代主义者和后来的先锋派的一个重要工具，也是重要的记录文献的实践。自1970年以来，记录和摄影已经在各种艺术实践中以叙事、虚构或辩论的方式紧密联系了起来。

图15
杰克·德拉诺（Jack Delano），《伊利诺伊州中央火车站，南水街货运枢纽的货车》（*Illinois Central R.R., Freight Cars in South Water Street Freight Terminal*），芝加哥，1943年，彩色反转片。

然而，在本章最后，我想继续把关注点放在1839年弗朗索瓦·阿拉戈和威廉·亨利·福克斯·塔尔博特的那场争论上。两位科学家均以书面和叙事形式将摄影的发明记录为经历和事件，并且两人都承认摄影与（各种）文学的体裁、关注点和爱好的联系。然而，他们对摄影本身的构想则截然相反，这并非仅仅是因为他们隶属于两个不同的国家。这两位科学家实际上设计了两种不同的摄影术，并为摄影与文学设定了两种不同的关系。阿拉戈的主导叙事会对许多社会习俗以及以后摄影发明的编史产生影响，而塔尔博特则单一地强调摄影是一种经历。的确，我们在本书第二章可以看到，塔尔博特的这种观点最终被证实与艺术媒介在20世纪的发展具有更大的相关性。当这位卡罗式摄影法（calotype）的发明者决定写一本书来阐释他的摄影观念及实践探索时，他特别期待摄影与文学之间能够达成一种很多人今后会认为自然的姻亲似的密切关系。

图 16

尼古拉斯·海勒曼（Nicolaas Henneman），《开放中的洛夫乔伊图书馆》[*Lovejoy's Library (in Reading)*]，约 1844—1847 年，卡罗式摄影法，纸质正像。

第二章

摄影与书籍

如果可以的话，我不会在这儿写一个字，这里将会全部放满照片。

——詹姆斯 · 艾吉（James Agee),《现在让我们赞美名人》（*Let Us Now Praise Famous Men*），1941 年 [1]

虽然照片长久以来一直挂在博物馆的墙壁上，许多摄影名作以及更多普通的摄影作品均已经被策划在书籍上刊登或发表。19世纪的大多数摄影作品，至少那些现在仍为人称颂的壮观的大幅摄影作品，在创作时采用了早期版画、大型书籍或影集的样式，并且通常用作插图，即便是作品拟用作展出时也是如此。在画廊、工作室和书店橱窗里向人们公开展示的肖像名片画像和大型图片被收集到一个看起来像一本厚书的影集中，并保存在书架上。书籍通常被肖像画家用作道具以提升画中主人公的地位，同样也被用于漫画中的嘲笑工具。这样的实例可能被认为体现了摄影原先隶属于“文学”或书面文化的现象，而将摄影重新定义为艺术则被解释为对“图书馆”与“博物馆”重新界定的证据。[2] 然而，通过对摄影史的仔细探究，人们发现摄影书籍不仅是这一媒介的基础项目，同时也是文化识别的主要

手段之一。正如马丁·帕尔（Martin Parr）和格里·巴杰（Gerry Badger）的调查显示，自1839年以来，摄影插图书籍大量出现，而“摄影集”这个一度被视为唯一珍贵的古版书形态[3]必然要被当作摄影媒介主要的传播模式，将大规模发行和创造性表达结合起来。[4]在这段历史中，一个重要的然而往往被忽视的悖论一直存在，那就是摄影书籍有一个长久以来难以解决的技术矛盾。

在本章的开头，围绕技术上不可能实现的摄影书籍是如何成为指导思想，以及塔尔博特又是如何首次解决这一问题等方面，我对这一悖论进行了探讨。塔尔博特非常具体并出色地开创了摄影与书籍之间的联姻关系，如此一来，摄影师也具有了作家的身份。然后，我对这种模式的摄影出版物所采用的各种途径进行了追踪，发现在19世纪主要为科学和档案方面的书籍，后来文学与体现自我意识

（左上）图17

马库斯·鲁特（Marcus Root），《无名女人》（*Unidentified Woman*），半身画像，面朝左，手中持书坐着，约1846–1856年，达盖尔银版摄影法的第6幅作品。

（上）图18

威廉·亨利·福克斯·塔尔博特，《正在读书的尼古拉斯·海勒曼》（*Nicolaas Henneman Reading*），约1843年，卡罗式摄影法，纸质正像。

的摄影书籍开始日渐增多。在此，我的目标并非是对摄影书籍无限变化的版式和方案做一个分析描述，[5] 而是对一段文化历史的概括，在我看来，这段历史明确地验证了塔尔博特在其著作《自然的画笔》中坚决倡导确立摄影师的作者身份和权威的灵感。

《自然的画笔》在1844年和1846年期间分期出版，虽然它不够完善，但是在同类摄影书籍中是一个大胆的尝试，它解决了一个困扰着塔尔博特和之前的尼塞福尔 · 尼埃普斯的困境。在19世纪及以后的时间，这一著作持续对摄影技术的发展产生了重大影响。塔尔博特和尼埃普斯均曾明确地将他们的发明设想成复制或印刷的工具。尼埃普斯的日光蚀刻法（heliography）最初就是为用于石版画的复制而设计的。塔尔博特认为，他的各种各样的摄影法，尤其是早期用光绘画的方法，都是复制、仿制、印刷和出

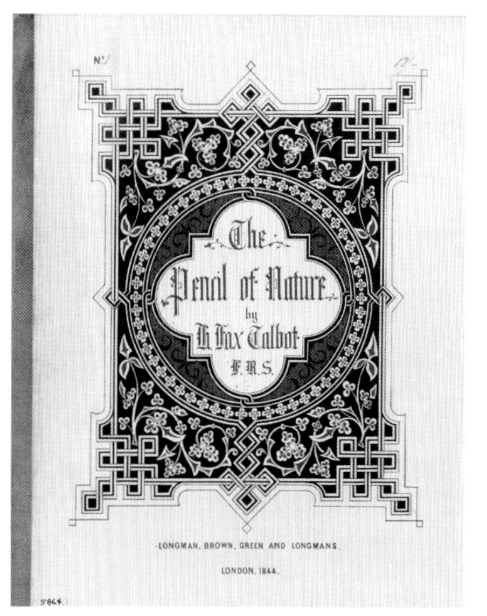

（下）图 19
威廉·亨利·福克斯·塔尔博特的著作《自然的画笔》(伦敦,1844–1846 年)。

（右下）图 20
威廉·亨利·福克斯·塔尔博特，《古老印刷品的复制本》（*Facsimile of an Old Printed Page*），选自《自然的画笔》中的第 9 张照片，卡罗式摄影法，纸质正像。

版的方法，都可以作为工具用来绘图或制图；在19世纪40年代和50年代，他还完善了“日光蚀刻”的各种方法。[6]就摄影本身而言，他选择用纸而不是金属作为基材，这反映了他的理念，即摄影应归入印刷和素描的双重传统。1839年，正如我们看到的，塔尔博特喊出了（民主）口号：“每个人都可以成为自己的印刷商和出版商。”在其《自然的画笔》一书中，他通过印刷文本或图片的复制本，或一片树叶的摄影副本等几个图版体现了这种理念。

然而，相对于银版摄影法的成功，塔尔博特的成就在相对精英的出版[7]中就黯然失色了，银版摄影法普及了达盖尔的品位，即将图片视为独立的对象和半自主的景象。抛开它的名字，银版摄影法根本就不是一项印刷技术，并且它将摄影确立为一种成像技术，而不是印刷技术。在整个19世纪甚至以后的时期，凭借其广泛的社会用途，摄影将自身从复制和出版的双重逻辑中分离了出来。尽管取得了诸如碳纸晒印、胶版印刷和珂罗版印刷法等许多创造性的成就和突破，但使摄影照片与其印刷复制分离的技术鸿沟一直存在，直到19世纪末期网目版印刷和照相凹版印刷的出现。在那之前，社会生活的照片很大程度上限于私人用途或黏附照片印制品插页的豪华版本，而大多数图像仍然以雕刻和平版印刷的方法进行调整。[8]即使网目版印刷出现以后，在20世纪的大部分时间里，照片的拍摄质量——尤其在色彩上——也难以与印刷的照片媲美。因此，作为摄影的一个基础，图片和打印页面功能上的统一性——正如塔尔博特所设想的那样，尼埃普斯也曾这样设想过，但程度不及塔尔博特——也仅仅是在数码摄影和屏幕作为图像主要载体的时代到来之前很短的时间里实现的。

相比之下，《自然的画笔》尽管发行量有限，但它是

图21
威廉·亨利·福克斯·塔尔博特，《开着的门》，选自《自然的画笔》中的第6张照片，卡罗式摄影法，纸质正像。

第一本“摄影书籍”，同样成为一个里程碑事件。该书中许多大型图版专注于如画的或艺术的主题，其版式结合了画像、标题、扩展的说明文字，这让人联想起写生簿和艺术家的工作簿。塔尔博特在《自然的画笔》中越来越成熟的摄影作品强调了其与该媒介“绘画传统”的联系。[9] 的确，塔尔博特在该书序言中煞费苦心地强调，他把该书视为摄影“（新）艺术的第一个标本”，他将这种艺术的开端定位于1835年他本人在科莫湖（Lago di Como）为用**明室**素描的尝试失败时。他的许多图像的选择以及插图说明中的注解均表明他对模仿绘画的渴望。例如，在对该书第6幅照片《开着的门》（*The Open Door*）的说明上，他就以“荷兰艺术学校”作为参照来选择“日常和熟悉的场景”，例如一片阴影或唤醒了“思绪、情感和如画般的想象”的一束阳光。他最终为这种完美的纸质负片工艺取名“**卡罗式摄影法**”（calotype），来源于**卡洛斯**（kalos），意为“**美丽**”和“**美好**”。

然而，正如胡贝图斯·冯·阿梅隆克森（Hubertus von Amelunxen）提到的，《自然的画笔》也是“摄影与文字写作的第一次邂逅”，他之所以这样说并非仅仅因为该书将照片和文字并排放在了一块儿。[10] 书中在很多地方表明它（连同其中的24张照片一起）是一个“艺术”的实验，这种艺术不仅仅被设想为绘画或水彩画的伴侣，严格地说，也并非仅仅作为一种纯粹的视觉媒介，它同时也是一种包含图像与文字、看与读、描绘与写作/印刷、光线（或阴影）与墨水的更加广泛的关联式创新实践。各种线索都指向了对这种关联的功利性阅读——《自然的画笔》经常被描述为一份摄影未来用途的目录——但它的意义远远不限于此。塔尔博特曾为该书的一个副本题写了“光的文字”的评注，这是圣经中对自然画笔的描述，将其称作一种对话工具，一种自然作为自我投影领域的双相介质，从而将摄影与文学的浪漫主义色彩联结起来，这要比单纯地将它们置于图片范畴或者仅是出版的功能框架中重要得多。[11]

这个项目通过塔尔博特的题词宣示了其在审美方面的雄心壮志，该题词引用了维吉尔（Virgil）《农事诗》（*Georgics*）中的诗句，象征着一个艺术家“开拓一个新领域”的渴望。再加上塔尔博特的大名和头衔，这个引用公开地宣告了作者的角色，在该书序言和插图说明中一再出现的大量第一人称代词也呼应了这一点，但至少与以下附加说明存在部分冲突，即“当前工作中的各个图版均是单纯受光的力量而启发，与所谓的艺术家的画笔没有丝毫关系”。虽然该作者一直表示自己仅是“自我表现”的一名评论

图 22

威廉·亨利·福克斯·塔尔博特，《威尔特郡的拉科克修道院》（*Lacock Abbey in Wiltshire*），选自《自然的画笔》中的第 15 张照片，卡罗式摄影法，纸质正像。

者（正如其在书中第15张照片的文字说明中所写，在其宅邸里可以看到拉科克修道院的景观，这是世界上第一座“已知的为自己绘画”的建筑），他的很多评论以其特有的评论风格表明了一个艺术家，或更确切地说，一个作家的身份，这也为图片赋予了意义或神秘感。第3幅插图，《中国文章》（*Articles of China*），将一首赞美用摄影再现古董茶壶的“怪异和奇特的形状”的颂词与虚构猜想并列在一块，“假如有小偷以后要盗取宝藏”，那么“沉默的图片证据”可能用于“法庭上针对他的罪证”。著名的第8张照片，**《图书馆的一个场景》**（*A Scene in a Library*），无可厚非地是摄影与文学之间联姻关系的经典代表作品，这并不仅仅因为这张照片像塔尔博特的其他一些照片一样，描绘了书架上的书。作为摄影语言的两大组成部分，光与影之间是相互作用和影响的，而这张照片就是体现了这一相互作用的一次精彩运用；这幅扁平的、类似表格的作品正面会让人联想到一个书页，它暗示了一种类比，一方面是竖立

图23

威廉·亨利·福克斯·塔尔博特，《图书馆的一个场景》，选自《自然的画笔》中的第8张照片；卡罗式摄影法，纸质正像。

在阴影中的各种各样的书籍，另一方面是在浮雕图案上的黑色标签的映衬下闪闪发光的书名。此外，像在第3张照片中那样，照片标题与照片是相关联的，是对它的一个虚构的“实验或猜测”——然而，这次却显然完全不相关——其提议将一个“房间”改造成一个巨大的照相暗盒，只允许“看不见的光线”进入其中，内置一个照相机记录着处于这间暗室中的人们的“画像”和“行为”，而暗室里的人却看不见彼此。这幅摄影作品的作者得到以下结论：

> 唉！这个猜测有点过于微妙了，以至于不能有效地引入现代或浪漫小说之中；对于我们应该设想什么**结局**，我们可以假定暗室的秘密能够被印相纸揭露出来。

像在第3张照片中那样，这种猜测可以被理解为一种照片监控的预言；但是它被写成了小说的体裁，并且明显借鉴了（侦探）小说的密码情节，书架上书的照片和与“印相纸上的证据”遥相呼应的文字一起创造了一种反射性阅读方式，这是书中摄影艺术作品的“自我表现”，是体现了较强自我意识的写作和阅读实践。

第10张照片《干草堆》（*The Haystack*）理所当然地成了塔尔博特最为壮观的成功作品之一。该照片的标题强调了使“我们能够将众多微小细节引入我们的照片中”的“摄影艺术”，“没有哪个艺术家愿意费尽周折地去原汁原味地复制这些细节性的东西”。塔尔博特坚持认为，人们有时能从这样的“细枝末节”中发现一些对被再现的场景而言超乎预期的多样性。此外，摄影实现了绝对同一和不可预知的变化之间看似不可能的联姻，这种“超乎预期”的表现形式与现代（和后现代）的想象之间产生了深深的共鸣。[12] 同样，这种对记录不可预料的事物的热情为第13张照片的标题带来了灵感，《女王学院，牛津，入口通道》（*Queen's College, Oxford, Entrance Gateway*），对此评论家们恰当地提出了瓦尔特·本雅明后来所称的“视觉无意识”的第一个构想：

> 经过调查，摄影者本人发现，他对自己描绘过的很多东西其实在拍摄当时是完全不懂的，这种发现或许在很久以后才能获得。此外，这种现象经常发生，这也正是摄影的一个魅力所在。有时，在建筑物上会发现一些题字和日期，或者在建筑的墙上张贴的一些毫不相关的印刷海报；有时会看到远处的一个表盘，这个表盘不经意地记录下了拍摄这张照片的时间。

这种将绘画和摄影明确区分开来的“无意识地记录”也暗示它是自我发现的一种运用，这种自我发现将它与阅读以及广义上的文学牢牢地联系在一起，作为自我的教化。

图 24

威廉·亨利·福克斯·塔尔博特，《干草堆》，选自《自然的画笔》中的第 10 张照片，卡罗式摄影法，纸质正像。

尽管《自然的画笔》中的一些照片属于科学层面的意象，而其他照片则被明确地标记为艺术遗产，但是从任何传统思维角度来说，这本书整体上很难被解读为一本科学作品或是艺术作品。相反，它将其定位成摄影的“自我表现”、摄影的应用和发展潜力，以及摄影作品创作者发出的声音。如此一来，就把号称中性的“自然的画笔”与摄影作者非凡的优越地位联系了起来，并将摄影“艺术”与修辞（如果说不是文学）联系了起来。虽然塔尔博特为其摄影书籍赋予了丰富的表现力，但令人惊讶的是，在随后的几十年——甚至进入20世纪以后——这本具有划时代意义的摄影书却很少被仿制，除了正式场合以外，《自然的画笔》也没有被当作一个典范。虽然塔尔博特的第2本“摄影书”，《苏格兰阳光版画集》（*Sun Prints of Scotland*，1845），是基于沃尔特·斯科特爵士（Sir Walter Scott）的作品创作的，但它也是《自然的画笔》中所勾勒的摄影宏大规划的一次专门应用。这本摄影书在对象上更有针对性，主题明确，更加“如画般唯美”，少了些反思性的东西，它预示了塔尔博特及他的“读书机构”（Reading Establishment）的后期作品更多地专注于摄影的纪实性[虽然他1846年出版的宣传册《应用于象形文字的塔博尔特摄影法》（*The Talbotype Applied to Hieroglyphics*）再次反映了摄影与写作的深层联系]。因此《苏格兰阳光版画集》开启了19世纪摄影书籍的主导模式，主要是针对插图和收藏，而不是摄影概念上的探索。正如南希·阿姆斯特朗和其他一些人所表明的，19世纪的科学或纪实项目中经常出现带有摄影插图的书。大多数在19世纪下半叶出版的摄影书籍、相册和宣传册均参照了《自然的画笔》确立的技术模式。也就是说，他们将印刷文本与粘附插页结合起来用于作品，这样制作出来的作品通常花费甚多，奢华，数量非常有限，主要用于主题插图或百科全书收藏，然而，这一技术模式并没有像《自然的画笔》那样去洞悉摄影与摄影者的反思和领悟。

摄影书籍的流行事实上仅是视觉文化全面发展的一个方面，出版行业的发展和科学家对插画日益增长的需求促进了这一现象的发生，并由此催生了数以千计配有平版画、彩色石印画、木版或钢版雕刻画的书卷，这些插画有些是基于照片而制作，有些则与照片没有关系。从19世纪50年代开始，摄影和摄影插图成为越来越多的解剖学、生理学、精神病学、人类学和犯罪学研究文献中的标准元素。有些特别委托制作的系列照片甚至在科学专著中发表，例如，在查尔斯·达尔文（Charles Darwin）的晚年著作《人类与动物的情感表达》（*The Expression of Emotions in Man and Animals*，1872）中，包括7页“情绪”画像的胶版照片，达尔文曾说：“比起任何绘画，不管画得多么逼真，都没有这种方式表达得更为传神。”[13] 之所以采用这种书籍版式并在书中包含大量的图片，是出于图片的纪实功能及其系列特性的考虑，而不是为了达到任何的“文学”目标。因此，在19世纪，摄影书籍的出版主要分布于科学领域，尤其是人类学、地理学、古文物学文献，以及（1870年以后逐渐增多的）宣传或商业广告；这些不能算是艺术或文学作品，也不是《自然的画笔》中巧妙展示的反思性“摄影”。

但这并不是说，在这些早期的摄影书籍中不存在体现作者风格或作者身份表达的尝试。19世纪的一些最早和最令人难忘的摄影方面的开拓性探索，尤其是在旅游和探索领域，主要是由业余摄影爱好者（也包括一些专业人士）完成的，即使他们不是独立完成，也至少是远离了正式的学术或政府背景。在银版摄影法和卡罗式摄

（对页）图 25

第 1 张照片，胶版印刷复制品，照片选自查尔斯·达尔文著的《人类与动物的情感表达》（伦敦，1873 年）第 2 版。第 1、3 和 4 张照片由奥斯卡·雷兰德（Oscar Rejlander）拍摄，第 2 张照片由阿道夫·D. 金德曼（Adolph D. Kindermann，1823–1892）拍摄。

1
3
2
4

影法时期的前十年里，开拓性的摄影探索是文人墨客和独立旅行者以写生的传统形式开展的。在包含基于银版摄影法制作的插图的早期出版物中，人们可以参考诺埃尔·勒尔布（Noel Lerebours）所著《达盖尔摄影法的远足》（*Excursions daguerriennes*，1842），约翰·斯蒂芬斯（John L. Stephens）和卡瑟伍德·弗雷德里克（Frederick Catherwood）合著的《尤卡坦半岛旅游事件》（*Incidents of Travel in Yucatan*，1843）或者亨利·梅休（Henry Mayhew）所著《伦敦的劳动和伦敦的穷人》（*London Labour and the London Poor*，1850）。

众所周知，卡罗式摄影法的“黄金时代”出现在19世纪50年代，在这一时期，出现了大量摄影作品和出版物（通常为相册），其中多数是由摄影师路易·德西雷·布兰夸特–埃夫拉尔（Louis-Désiré Blanquart-Evrard）的印刷机构制作的（1851—1855）。[14] 1852年，作家、评论家马克西姆·杜坎（Maxime du Camp）出版了一本摄影书籍《埃及、努比亚和巴勒斯坦》（*Egypte, Nubie et Palestine*），该影集刊登了125幅图片，和塔尔博特著作《自然的画笔》一样采用了分期发行的方式。这是反映中东地区最早的摄影书籍之一，记述了杜坎于1849年在古斯塔夫·福楼拜（Gustave Flaubert）的陪同下游历这些地方时拍摄下的景观影像。值得瞩目的是，在这本书中，杜坎没有利用或参照福楼拜的文学技巧，并在之后的一册中保留了他自己的故事化叙述风格。[15] 尽管如此，这仍然为众多东方旅行影集开了一个先例，其中包括弗朗西斯·弗里思（Francis Frith）广受好评的摄影书籍《埃及和巴勒斯坦》（*Egypt and Palestine*，1857），它开创了有关东方摄影的商业探索。[16]

弗里思，率先采用火棉胶工艺的人之一，在捍卫摄影

图 26
乔治·威尔逊·布里奇斯（A George Wilson Bridges），《意大利西西里岛埃特纳火山上的圣尼科洛修道院和教堂》（*St Nicolo's convent and chapel, Mount Etna, Sicily, Italy*），1846 年，卡罗式摄影法纸质正像。

的艺术性方面以及阐明自己的抱负方面也比很多人更加明确。可以说，正是他促使附有一些文学点缀的摄影书籍或相册成为公开和推广摄影发展成就的一种有意识的媒介。以这种方式助力自身事业发展的专业摄影师包括：弗朗西斯·贝德福德（Francis Bedford），他曾为一本名为《阳光》（*The Sunbeam*）的文学摄影书供图，该摄影书将照片与由菲利普·H. 德拉莫特（Philip H. Delamotte）编辑的诗歌或散文结合起来，在 1859 年出版；德西雷·沙尔奈（Désiré Charnay），著有《城市与美国废墟》（*Citéset ruines américaines*，1862）；费利斯·比托（Felice Beato），拍摄了为数甚多的照片和日本"本土风格"的照片（1868）；苏格兰裔美国人亚历山大·加德纳（Alexander Gardner），他在脱离马修·布雷迪之后，在他的《加德纳战争摄影图文集》（*Gardner's Photographic Sketchbook of the War*，1865）中对摄影的作者身份做了明确的陈述。这些去往异国他乡的旅行者是城市生活的早期探索者，他们之中有些是受了委托，有些没有，但一般都是以影集或相册的形式出版他们的作品。比如查尔斯·马维尔（Charles Marville），著有被称为"老巴黎相册"的系列丛书；托马斯·安南（Thomas Annan），著有《格拉斯哥的旧街老巷》（*The Old Closes and Streets of Glasgow*），最初以摄影书籍形式在1872年出版；约翰·汤姆逊（John Thomson），著有《伦敦街头生活》（*Street Life in London*），作品于1878年分期出版。

19世纪的人们热衷于收藏、分类和编目，而稍后的一个时期则可能更关注摄影的主观能动性和表达性的解放，将这两个阶段进行对比有点过于简单了。19世纪具有自我意识的摄影者拍摄了一些重要的作品，相反，存档文化在

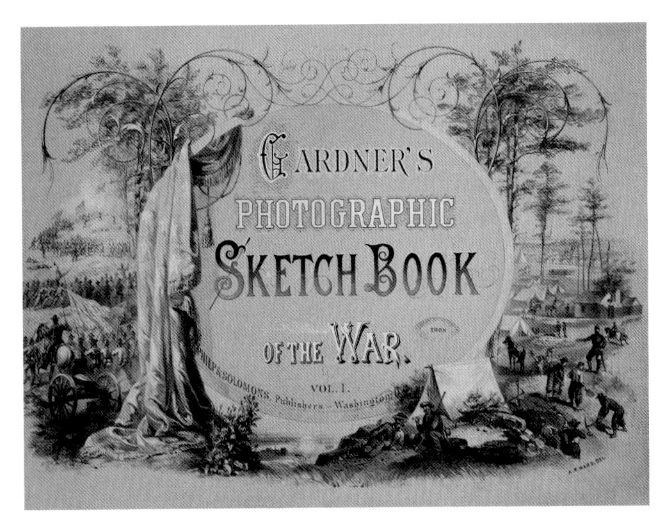

图27
亚历山大·加德纳所著《加德纳战争摄影图文集》（华盛顿特区，1866年）雕版扉页。

20世纪并没有消失，美国农业安全局对大萧条的广泛摄影报道就反映了这点。此外，维多利亚时代对于摄影调查的狂热导致人们关注《自然的画笔》版式的实用性，而非审美性。在19世纪，无论是科学、历史还是商业领域，摄影出版的主导功能是作为证明文件，其主要的操作方式是调查或存档，其主要产品通常是大而昂贵的摄影书籍或相册。出于同样的原因，这些摄影书籍通常是合作而成——或仅通过签订合同——包括聘请专业摄影师，摄影师只是提供图片和说明，一般不能在文中表达自己的看法。因此，尽管被称为“摄影使命”（Mission Héliographique）的法国历史古迹调查研究开启了古斯塔夫·勒·格雷和“法国卡罗式摄影法”时代其他一些伟人的职业生涯，并为后来的各种研究树立了一个榜样，它还是将摄影师的活动归属于一种档案的逻辑。[17] 大约十年后，部分参照这一模式的“景观”和“印第安人”摄影在美国西部出现并蓬勃发展，这很大程度上与由联邦、州或公司实体出于经济和政治原因赞助，并由科学家或军事人员指导的调查热潮有关。在这种背景下许多摄影书籍和相册诞生了，尽管摄影师此举通常被认为旨在吸引科技或军事赞助商的关注，因为这些赞助商会根据摄影师的声誉给他们划分等级。[18] 1870年前后，摄影书籍处于一个“鼎盛时期”，美国西部的摄影书籍成为探险家、铁路巨头、矿业或伐木企业家，以及西方政治家钟爱的书籍类型。尽管这些精心设计的作品包含着一种关于摄影真实性的模糊论调（反对“海外奇谈”的虚无性），但正如历史学者玛莎·桑德威斯（Martha Sandweiss）所言，多半作品对充实摄影史来说并无助益。[19] 在一些要求更高的作品中，大量的修辞被用于描述照片的内容或其拍摄“效果”。[20] 可是一般来说，像这样的出版物并不注重摄影师的原著权或作品风格（图片通常会被买卖、非法翻印或以不同的名字再版）。如果摄影师为其作品注册了专利（如今为摄影师合法的权利），那么这种专利权就会给作品本身打上深深的烙印，而不会只被挂在嘴上。

举一个经典案例，美籍爱尔兰人蒂莫西·H.奥沙利文(Timothy H. O'Sullivan)的地形测绘摄影——由于他的两个西部测绘项目作品在几本影集上发表，其摄影作品也被许多人当作平版印刷的基准用在了他们的报告中——毫无疑问也包含了反思性的内容，甚至还有作者的暗示性内容。奥沙利文从未再用言语表述过这些，可是他的雇主，备受瞩目的地质学家克拉伦斯·金（Clarence King）反而最善于表达奥沙利文"观点"的美学甚至文学魅力。[21] 同时，把奥沙利文对平面艺术作品（有时也可称作具备前现代主义特色的艺术品）的品位理解为遵守书籍、地图或是"档案风格"[罗宾·凯尔西（Robin Kelsey）定义的术语]的格式，更具有说服力。[22] 即使当摄影师被艺术家雇用时，调查结构也趋向于阻止摄影论述的口头表达。在这类合作中，或许最有力的例子便是威廉·布拉德福德（William Bradford）的《北极地带》（*The Arctic Regions*,1873）一书，这本书用了140张使用约翰·L.邓莫尔（John L. Dunmore）和乔治·克里切森（George Critcherson）的底片制作的蛋白工艺相片作为巨幅书页的插图，由布雷德福所设计的精致页面布局对后世影响深远，其在打造文本与图片的动态关系方面，比大多数摄影书籍更具影响力，但它没有针对摄影做多少反思。它的出现甚至在摄影界未惊起一丝波澜，然而，这样的合作正合那些雄心勃勃的专业摄影师的心意，因为这代表着一个独一无二的机会——专业摄影师们不仅可以拍摄市场需求量低的风景或户外照片，还可以将它们以一种富有声望的形式发表，并以此来给他们的商

（对页）图 28
蒂莫西·H. 奥沙利文或安德鲁·J. 拉塞尔（Andrew J. Russell）制作的《坠入地狱》（*Facilis Descensus*）中"克拉伦斯·金的肖像"，1868 年，蛋白照片。

（对页）图 29

蒂莫西·H. 奥沙利文，《新墨西哥城 Cañon de Chelle 古遗址，位于今 Cañon Bed50 英尺上方的凹洞内》，1873 年，蛋白照片。

图 30

威廉·布雷德福的《北极地带》（伦敦，1873 年）中第 33 和 34 张照片的细节展示，蛋白照片，由约翰·L. 邓莫尔和乔治·克里切森制作。

of che-
destroyed.
wetter, if
as it was
en to re-
n photo-
it to an-
the effort
ssful.
improved
et up the
away to
cation at
e glacier,
, as we
he possi-
o matter
throes or
be. The

No. 33. Side View of the front of the Glacier, about 100 feet above the Water.

were hi
other, bu
and ther
land bet
shore w
places
densely
all the
Arctic
and casc
pouring
ing sno
astern w
feet wid
gorge w
at an ang
grees. T
sequently
origin in

our second anchorage we witnessed one of Nature's throes, technically te
f a large section from the glacier, which then becomes an iceberg.
rd a premonitory growl or moan. This is generally given forth by the
s surplus ice, and attention was immediately directed towards the point fron
to say, no disruption appeared in progress. One of the highest peaks of

No. 34. One of eight immense Icebergs, which were discharged from the Front of the Glacier within five minutes. This was grounded in nearly 500 feet of Water. The large masses seen on the side near the Water, some of them fifty feet through, were caught and remained in this position, while the Berg was rolling.

业生涯贴上“文学”的标签。

尽管摄影师与科学家之间这种雄心勃勃的合作在1900年之后有衰减之势，但情势尚未明朗。首先，这场复杂的技术突变——有时也被称作“图像革命”——在1880年至1920年之间改变了摄影插图出版业的整个经济体制。随着操作简易又价格低廉的业余摄影设备的出现，科学和档案项目越来越多地依靠自身的资源或“室内摄影师”来拍摄照片（和电影），就像人类学那样。由旅行者提供插图并出版的旅行游记、商业影集、日历以及各种各样的小册子变得非常平常。在这个时期，还出现了大量史实与艺术史方面的调查文献，所配插图是基于摄影作品的复制品。事实上，这种变化的兴起离不开逐步崛起且可靠的照相制版工艺的支持，无论是既便宜又受欢迎的（网目版照相），还是既昂贵又精致的（凹版照相），它们均逐渐淘汰了传统的“摄影书籍”，也提高了摄影插图出版业的大众接受度。可能最重要的是，技术进步与社会变革的并行发展使照片和图片变得更加普及，更具有文化意义以及更具有语义的自主性，至少在工业化世界是如此。我们在接下来的章节中会看到，从作家马塞尔·普鲁斯特（Marcel Proust）到詹姆斯·乔伊斯，他们将这个新时期的概念扩展为“视觉期”，然而他们中的一些人也承认，摄影之所以能迸发出新的艺术与文化力量，是因为他们将摄影插图融入了著作中。同样也是在这个时期，摄影师将他们的摄影艺术更加自由地书写出来，而这种文字作品也转化成了一种成熟的媒介。

在1900年至1920年，美国摄影界有三个重要的案例可以印证这种变革，我们从中也可看出，每位摄影师对这场重大变革至少贡献了部分力量，无论是“纪实片”还是“艺术片”，它们都引发了大规模的出版热潮。其中包括阿尔

图 31
刘易斯·海因，《天然的娱乐中心》(*Spontaneous Recreation Center*)，霍姆斯特德(Homestead)，1907 年，半色调印刷，选自玛格利特·伯恩顿（Margaret Byington）所著《霍姆斯特德：磨坊小镇的家庭》(*Homestead: The Households of a Mill Town*)，美国匹兹堡调查(The Pittsburgh Survey) 第 4 卷(匹兹堡，1911 年)。

弗雷德·施蒂格里茨（Alfred Stieglitz）对《摄影作品》（*Camera Work*，1903–1917）杂志的指导，这本杂志既刊登艺术作品又刊登文学作品与评论，它也被人们称作现代艺术的风向标；刘易斯·海因（Lewis Hine）为美国童工委员会与匹兹堡项目拍摄的照片受到了雅各布·里斯（Jacob Riis）早期案例的启发，海因的作品也表达出了他对"摄影学与社会学服务于'社会进步'"这一观点的明确支持；[23] 爱德华·柯蒂斯（Edward S. Curtis）对美洲土著文化的经典研究[其著作《北美印第安人》（*The North American Indian*）发表于1907年至1930年之间]融合了商业摄影师的视角与人文关怀，同时也兼具强烈的美感。[24] 在不久之后，无论在组织结构的内部还是外部，对潜在档案项目的认同将会转化为对摄影师自身特权的认可。这样的项目贯穿于整个20世纪，其中包括：奥古斯特·桑德

（August Sander）的摄影项目“20世纪的人”（People of the 20th century），他只出版了其中的一个选集[1929年刊登于《时代的肖像》（*Antlitz der Zeit*）]；沃克·埃文斯（Walker Evans）的《美国影像》（*American Photographs*，1938）；尤金·史密斯（W. Eugene Smith）的匹兹堡项目（20世纪50年代）；伯恩（Berndt）和希拉·贝歇（Hilla Becher）对工业建筑的视觉记录（20世纪60年代）；法国政府的“D.A.T.A.R. 摄影使命”——一种研究模式的后现代复苏，是由摄影师弗朗索瓦·埃尔（François Hers）于20世纪80年代带头兴起的，其成果最终于1991年以图书出版的形式得到呈现，这是一部大型的价格不菲的图书。

在两次世界大战期间，一种所谓的“纪实片”类型的摄影（按照沃克·埃文斯的定义，把它当作一种“风格”可能更好理解）[25]很大程度上与“摄影小品”的出现有着密切的关系。这是一种新型的出版业态，对摄影来说也是新的话语空间，历史学家将它的起源定位在魏玛共和国晚期[该观点由奥古斯特·桑德、艾伯特·伦格-帕奇（Albert Renger-Patzsch）与弗兰兹·罗（Franz Roh）共同提出]。[26]在20世纪30年代，在魏玛之后、纽约之前，尽管巴黎处在一个不关心政治的环境当中，但它依旧成了这股潮流的一大

图32
摄影与排版由亚历山大·罗钦科完成，选自期刊《建设中的苏联》（1940年）上马雅可夫斯基的特别策划栏目。

图 33

布拉塞［原名久拉·哈拉兹（Gyula Halász）］和保罗·莫朗（Paul Morand）合著的《夜之巴黎》（巴黎，1932 年）封面。

主力和出版中心。这个时期的重要例子包括《阿杰：巴黎的摄影师》(*Atget photographe de Paris*，1930）、布拉塞（Brassaï）的摄影集《夜之巴黎》（*Paris de nuit*，1933）和《柯特兹巴黎印象》（*Paris vu par André Kertész*，1934）。在某种程度上，摄影小品可以看作是对早期研究模式的改变，而这种改变体现了"一战"后摄影文学与文化先锋派的品位，如匈牙利艺术家拉兹洛·莫霍利-纳吉（László Moholy-Nagy）的"新视野"。在苏联，摄影师亚历山大·罗钦科（Alexander Rodchenko）与马雅可夫斯基（Vladimir Mayakovsky）的诗集插画本和各类出版项目同时进行了合作，其中包括激进杂志《建设中的苏联》（*USSR in Construction*）。据此，我们可以推断出，在20世纪，"严谨的"或"富有创造力的"摄影师（在19世纪，最有可能在科技或档案领域找到出版市场）更容易与作家建立起合作关系，因为后者常常在他们发表的作品中插入图片。第五章中，我们会就这个时期出现的一些图文结合的作品进行讨论，从亨利·詹姆斯（Henry James）与阿尔文·兰登·科伯恩（Alvin Langdon Coburn）的合作，到安德烈·布勒东（André Breton）的配图小说《娜嘉》（*Nadja*）。

另一方面，摄影小品的兴起，在很大程度上受到了大型画刊（在某些情况下，画刊会预先发布摄影项目）、先锋画报和作品集的影响，这和苏联以及后来的"巴黎学派"的情况如出一辙。此后，由包豪斯（Bauhaus）提出的"平面设计和布局的意义"这一重要理念，成为出版图片的基本前提。这一理念在美国得到继承与传播，特别是阿列克谢·布鲁多维奇(Alexey Brodovitch)，他对理念的传播做出了重要的贡献。最为重要的是，1930年前后，逐步发展的摄影小品常常脱离了早期档案派的实证主义模式（连同

（对页）图 34
沃克·埃文斯，《艾莉·梅·伯勒斯（Allie Mae Burroughs）的画像》，1935—1936 年，明胶银盐照片。该画像曾被用作詹姆斯·艾吉和沃克·埃文斯合著的《现在让我们赞美名人》（波士顿，1940 年）一书中的插图。

图像对文本的传统妥协），反而有被解读为“有争论地搭建摄影参数”的倾向，[27] 它也常常被摄影师套上激进主义的框架。它们的崛起多亏了经济大萧条，以及因这场灾难而提高了的国家政治氛围，尤其是在德国、苏联、法国和美国，尽管美国农业安全局的大部分文件和宣传工作主要是创作了更和缓、更表面的“中立”作品。在1933年至1945年之间，大约有15至20部这样的摄影小品在美国出版，毫无疑问，这些作品中的“领头羊”便是沃克·埃文斯与作家詹姆斯·艾吉合著的不朽之作——《现在让我们赞美名人》[该书直到20世纪60年代才摆脱了被大众忽视的局面，然而，埃文斯著、艾吉作序的《众人被召唤》(*Many Are Called*)一书直到1966年才发表，该书是埃文斯关于“纽约地铁乘客”的报道] [28] 。

根据艾吉极为矛盾的辩证逻辑，我们可以看出，《现在让我们赞美名人》一书中的文字与图片本意是要“相互独立”的，那样，读者在作品集中就不会发现艾吉所写的含蓄的散文和埃文斯所拍的不加矫饰的图片之间的必然联系。扉页上的图片不加标题，也未编号，它们隐晦的顺序事实上构成了独立的“第一章”，这种布局是一种形式上的“反常”，这种标新立异指向“媒体对战”（mediamachia），用彼得·科斯格罗夫（Peter Cosgrove）的话来说，就是“一场文字与图片的较量”。[29] 甚者如同艾吉，用过度的现代主义风格展示他作为一名作家的抱负，并把这种行为变成了一种风格——既脱离又尊重相机的绝对性，进而成了一种机械的现代主义。如他所言：“如果可以的话，我不会在这儿写一个字，这里将会全部放满照片。”他在暗示，图像语言的出现（包括照片功能的转变）必定会是传统文学（或文字书籍）的坟墓。在《现在让我们赞美名人》一书中，大约有400页是艾吉的文字，但摄影师拍摄的照片与艾吉给照片写下的描述有一种倾向——将埃文斯当作了第一作者，进而也模糊了原作者和著作权。据艾吉所说，我们可看出，他在力图揭露“图像才是真正的来源”与“反独裁主义意识”这两点。他在这个时代所扮演的角色，简单来说就是一位读图者。从这层意义而言，在后人追溯往事时，便会或将会确立这种想法：或许《现在让我们赞美名人》以一种最近的姿态，呼应了年代久远的典范——塔尔博特的《自然的画笔》。在20世纪60年代，《现在让我们赞美名人》被世人重新发掘后，出现了一种现象——“反作家”和“超作者”主义的摄影师都有着观念上的优越感，而后人便是在此种现象出现之后，确立了上述想法。

沃克·埃文斯坚决的缄默之态不仅体现在《现在让我们赞美名人》一书中，在他的大多数作品中也有所体现，而这种态度与作为摄影解放其他阶段典型特征的叙事修辞模式形成了生动的对比，我也会在第四章中对此进行讨论。人们将他与马格南摄影师的更加严格的纪实模式统称为“纪实风格”，而这种风格在之后的几十年里将会等同于一种冷静的、沉默的、布局周密的摄影书籍样式。这种样式的初期案例应该出现在20世纪50年代，威廉·克莱因（William Klein）的摄影集《纽约》（*New York*，1955)和罗伯特·弗兰克（Robert Frank）的摄影集《美国人》（*The Americans*，1958），它们最早都是在法国出版的。[30] 杰克·凯鲁亚克（Jack Kerouac）在为弗兰克的摄影集所写的简短前言中，表达了自己对摄影界新兴的“作者模式”中作家处于从属地位的明确支持。在结束这章之前，无论如何我都必须强调一下，在从摄影作者的角度追溯摄影史时，很明显，我不仅忽视了更加严谨的摄影的文学作用（将在第五章中进行讨论），而且没有提及其他人的态度（除了公正的学术体系中“严谨”或“创新”派的摄影师持支

（左上）图 35
莱斯莉·斯卡拉皮诺(Leslie Scalapino)写的“他们支持恃强凌弱……”，图片诗，约 1992 年，亦见于单色印刷的《没有夜晚或光明的人群》（*Crowd and Not Evening or Light*，加利福尼亚州奥克兰，1992 年）。

（上）图 36
莱斯莉·斯卡拉皮诺写的“他们喜欢真实 / 根据……”，图片诗，约 1992 年，亦见于单色印刷的《没有夜晚或光明的人群》（加利福尼亚州奥克兰，1992 年）。

持的态度）。

一些商业性摄影出版物（更不必说20世纪大量出版的摄影邮购目录、指南、年鉴等）会雇用著名摄影师（尤其在时尚界和广告业中），还有一些，特别是在1960年之后，则会跟随并利用越来越多的**自炫博学**的摄影作者与记录性的摄影书籍。在这种模式兴起的同时，摄影小品的通俗形式也出现了，比如**照片小说**（roman-photo，或许在拉美国家更为人所熟知）——摄影小品的一种变体，通常是富有情感的，它用照片做成四格漫画来代替手绘图。这种流行的体裁类型大大地保持了一种过渡性的、具有参考作用的、叙述性的，尤其是“不署名”的摄影形式，再加上低俗小说的传承——甚至像作者的摄影书籍也正在变成咖啡桌上受人欢迎的摆设。审美泛化最终将影响这些流行的体裁类型（从照片小说到邮购目录），同样也会触动一部分由先锋派、艺术市场和学术界发起的大范围的大众文化复兴运动。但其随后的发展包括了之后我会简单涉及的另一种知识转变，但现在，我必须直接提出来——正如我们所看到的，文学作家对摄影的探索不是一个孤立的片段，而是一个不间断的过程，这种不断的积累给摄影的合法化带来了巨大的影响。

第三章

摄影的文学探索

（想想）这样一个事实：人的影像被永远地定格在那儿！我觉得这正是人物肖像的神圣化，比起高贵的艺术家绘制的画作，我宁愿要像这样拍下的我深爱的作品作为纪念。尽管我的兄弟们对此强烈反对，而这对我来说一点儿也不奇怪。

——1843年，伊丽莎白·芭蕾特·勃朗宁（Elizabeth Barrett Browning）对玛丽·拉塞尔·米特福德（Mary Russell Mitford）如是说。[1]

（对页）图 37
亚历山大·加德纳，《刘易斯·佩恩在华盛顿海军工厂的肖像》（*Portrait of Lewis Payne in Washington Navy Yard, DC*），1865年4月。该画像被用于罗兰·巴特《明室》中的插图。

1980年，几本摄影选集出版，旨在纠正艾伦·特拉登堡所称的“批判传统的缺失”，[2] 而罗兰·巴特《明室》的出现几乎独立地创造了这一传统。[3] 法国批评家主张要在摄影与现实——或者已经过去的现实之间必然的联系中去寻找，以期发现“摄影的本质”：对巴特而言，“存在过”就是照片概念上的名称。对他来说，这种（化学）联系从根本上将摄影及其“证明”的能力与其他图像区分开来。连同“**研点**”（对一张图片主题的积极回应）与“**刺点**”（以边缘化、无意识的细节为对象的令人困惑的高度写实主义所造成的“刺痛感”）之间的区分，这种对摄影卓越的“**指示**”

能力的描述被认为是一种对摄影的“厚爱”，而这种“**厚爱**”是绘画、文学、电影或是一般的艺术呈现形式所不能企及的。人们对摄影这一媒介变得愈加复杂有些抗拒，并且怀疑摄影的“自然”属性，当发现现实中出现这一“迹象”，巴特感到非常惊奇，他迫切地想维护这种原始的惊奇，他提出了轰动一时的发现:“他死了，他就要死了。”[4]

《明室》出自法国最重要的文学批评家和“文学性”的发起人之手（巴特在早期就展示了对图像的兴趣），但随着其作者的英年早逝，《明室》也被认为是一种悖论，一位批评家的见证和一部哀思之作。的确如此，在这本书中，作者的论述深深地固定于旁观者的主观视角（对**实施者**则毫不关心），并且常常萦绕着一种自传式的、多愁善感的怀旧基调。在巴特的探索中，他自己的形象成了书中一个反复出现的主题，这是一个陌生的或者遭受冷落的形象，展现了“如其他人一样的我的形象的到来”。在该书第二部分，巴特继续论述了摄影与过去、死亡和回忆之间的联系，论述基于巴特为刚刚仙逝的母亲拍出一张令人满意的照片而苦苦探索的充满忧伤的叙述而展开。尽管该书选配了大量赫赫有名的照片，但这张巴特声称最终为其母亲拍下的私人照片并未收入其中；这种深藏若虚的缺失赋予了《明室》一种哀伤而又朦胧的神秘色彩。尤其是在《罗兰·巴特论罗兰·巴特》（*Roland Barthes par Roland Barthes*）出版之后，《明室》可以被解读为一篇摄影散文，一部摄影小品，一本个人相册和一部自传式**照片小说**。[5]

避开将摄影定位于“科学”还是“艺术”范畴的令人疲惫不堪的争论不谈，《明室》一书深深地确立了现实与幻想、客观与主观，以及公众性与私人性的矛盾心态，从而呼应了当代的创新趋势，关于这点我将在本书第四、

图 38
罗兰·巴特，《罗兰·巴特论罗兰·巴特》（巴黎，1975 年）中的一个对手页。

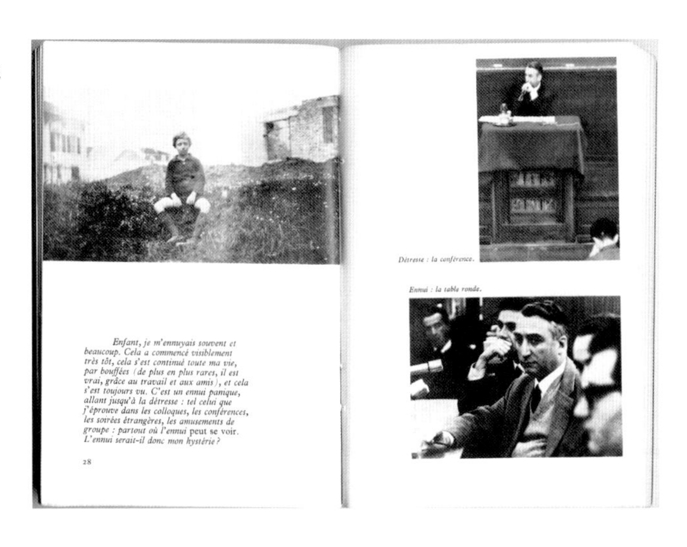

Enfant, je m'ennuyais souvent et beaucoup. Cela a commencé visiblement très tôt, cela s'est continué toute ma vie, par bouffées (de plus en plus rares, il est vrai, grâce au travail et aux amis), et cela s'est toujours vu. C'est un ennui panique, allant jusqu'à la détresse : tel celui que j'éprouve dans les colloques, les conférences, les soirées étrangères, les amusements de groupe : partout où l'ennui peut se voir. *L'ennui serait-il donc mon hystérie ?*

28

Détresse : la conférence.

Ennui : la table ronde.

五章详细介绍。然而，在本章中，我选择将巴特的散文解读为对“**摄影的文学探索**”一个半世纪历史的再现。事实上，被视为一种“严肃创作”的《明室》在摄影的“本质”方面没有过多的论述，因为此前特拉登堡所称的“关于摄影媒介的**思想**档案”中关于摄影“本质”的论述并不多见。这是一份相当重要的档案，是文学评论的齐聚之地——从埃德加·爱伦·坡到保罗·瓦莱里，从夏尔·波德莱尔（Charles Baudelaire）到瓦尔特·本雅明，从伊斯特莱克夫人（Lady Eastlake）到苏珊·桑塔格（Susan Sontag），从让-保罗·萨特（Jean-Paul Sartre）到巴特自己早期写的关于视觉方面的文章。[6] 尤其是巴特对摄影“复杂现实性”的执着观点（参阅《明室》一书最后几句），他对图像半激情半战栗式的钻研，与其说标志着一个新的开端，倒不如说是摄影的一种“纯真”或本土经验的文学巅峰。因此我不得不思忖，在大多数与整个外部世界，尤其是摄影界，甚至彼此之间都没有沟通的情况下，如此之多不同时代的作家们对摄影神秘莫测的现实主义又是如何表达他们类似的迷惘经历的。正如现在这样，我专注于这些思想的历史，而很大程度上将各种不同的文学形式与实践这个更大的问题搁置在了一边。然而，因为摄影的文学探索自1839年后往往具有明显的重复性，尤其在复述摄影的外来性方面，所以我将着重关注它们的表述方式是公共性的还是私人的，是推演的还是虚构的。

评论家通常强调这些摄影文学作品的**内容**，也就是表现出来的同情，或者更多的是对自然（或机械）影像的憎恶，它的魔力（或错觉），它对艺术和视觉文化产生的大众化效果（或者说它的庸俗化和商业化），以及它作为一种革命、进步或者一种新的邪恶信仰的历史意义。除了像约翰·拉斯金（John Ruskin）、波德莱尔、齐克果（Kierkegaard）或亨利·詹姆斯等这些人物对摄影的蔑视性言论出现在普通的摄影文学引述选集中，另见于苏珊·桑塔格《论摄影》（*On Photography*，1977）的附录。然而，诸如此类的评论具有误导性。首先，他们掩盖了许多作家对摄影保持沉默或近乎沉默的事实［仅举数例，如巴尔扎克、狄更斯、托尔斯泰（Lev Nikolaevich Tolstoy）等现实主义小说大师］。[7] 其次，较之文学探索方面的论述以及对摄影的新颖性、历史地位或他者性的反复关注，这些言论内容，无论是基于事实的还是思想上的，往往是站不住脚的，陈腐的，或者至少从历史角度来看是乏善可陈的。因此，对我而言，与这些论述的内容相比，它们的**阐述及传播方式**更重要。现在许多被常规性地收入选集的文章，在其作者看来是私人的、次要的或者边缘的，并且有些是作者去世后才出版的。认识到这一事实之后，你能更好地理解摄影的历史理念，其零碎的和反复性的特征，以及许多经常被人引用的体现“矛盾心态”的例证。

1840年，埃德加·爱伦·坡在一本杂志上发表了一篇未署名文章，他公开宣称："银版摄影法毫无疑问必须被视为现代科学中最重要的，并且可能是最不同寻常的胜利。"对爱伦·坡来说，银版摄影法堪称"最神奇的美"，并且"比出自人类之手的任何绘画在表达上都更加准确**无疑**。"如此溢美之词在早期的文学作品中非常常见。然而，不常见的是，一位颇有知名度的作家毫无保留地肯定一项发明，而业界作家对这项发明还持有怀疑态度——甚至在美国这个历史学家们认为最喜欢摄影的国家也是如此。更令人惊讶的是，爱伦·坡后来又创作了两部关于**银版摄影法**改进的更简短、更分明的技术方面的文章[8]——他拒绝将"银版摄影法"一词拼写为美国用词（dagairraioteep），而坚持采用法语拼法，即daguerréotype。然而，这三篇评论均没有署名，所以直到20世纪中期，人们才知道这是埃

图 39
威廉·普拉特（William Pratt），《埃德加·爱伦·坡》，1849 年 9 月，达盖尔银版摄影法。

德加·爱伦·坡的大作。此外，考虑到爱伦·坡无论从个人角度还是在新闻及评论层面对银版摄影法的兴趣，[9]值得注意的是，他从未在其**文学创作**中明确提及与摄影相关的事情，尤其在他的小说《山鲁佐德的第一千零二个故事》（*The Thousand-and-Second Tale of Scheherazade*，1845）中，银版摄影法仅仅为其中一个小小的脚注。爱伦·坡对银版摄影法的这种避而不谈有些不同寻常，尤其是考虑到爱伦·坡大多数后期的小说关注权威和（自我）证明的主题，并通过叙述方式模仿故事、符号、声音或痕迹的自我生成。他的第一篇文章谈及了这一关注，文中将银版摄影法在描绘方面的"无限"优越性归咎于"视觉之源是设计者"的事实。19世纪四五十年代的美国通俗小说很快采取了揭秘摄影轶事的手法，爱伦·坡对此一边模仿，又一边讽刺。然而《瓶中信》（*A Message in a Bottle*）的作者却另辟蹊径，避开了这一主题。[10]

和爱伦·坡处于同一时期的文学竞争对手拉尔夫·沃尔多·爱默生的做法也很有启发性，他论证了一个类似的矛盾心态——或者，更确切地说，他明显不情愿公开出版他关于这一探索的个人想法。1841年秋天，爱默生开始在日记中记载他对银版摄影法越来越浓厚的兴趣，这从他早期的散文中也可以看出。[11]日记中有许多条目记载了他对银版摄影法的探索，以及他对这一新图像之外来性的富有说服力的阐释——与艺术相关，并近似民主文化：

> 银版摄影法是真正体现共和风格的绘画。画师放下画笔站在一边儿，而让你自己作画。如果你头脑不清，那就不是画师的责任，而是你自己的责任……一次银版摄影法协会的体验堪比一次全国性的斋戒。

与此同时，这位贤人体验了一下坐在镜头前拍照的感觉，然而这感觉如若不是毁灭性的，也令人十分沮丧：

> 假如（别人）用银版摄影法为你拍照……你必须全神贯注地盯着照相机的镜头……（结果却发现）脸上笑容全无，拍出的不过是一副人皮面具的肖像罢了。[12]

与其他作家一样，爱默生也曾一度摇摆不定，一方面是看到自己照片时内心产生的个人挫败感，甚至是厌恶；另一方面是看到别人［尤其是他的良师益友托马斯·卡莱尔（Thomas Carlyle）］的照片，更多的是这项发明带来的社会影响时内心由衷地感到高兴。起初他惊叹于照片的美化力量（使熟悉的面孔更加悦目），但当他面对照片中自己的形象时，内心转向了恐惧，因为照片中的自己不仅有失体面，而且给人一种备受冷落和致命的感觉。

图 40
佚名艺术家，《拉尔夫·沃尔多·爱默生》，约 1884 年，铜版雕刻照片。

相反，纳撒尼尔·霍桑却对摄影有一种不一样的感觉，他个人内心对银版摄影法充满了热情，却在其爱情小说《七角楼》（*The House of the Seven Gables*，1851）中对摄影所谓的揭示能力嗤之以鼻。在这部作品中，主角是一位银版摄影师，借助于达盖尔银版，揭露一个当地权贵的不公，随着后者的神秘死亡，主人公的家族最终也得善终。[13] 爱默生不像他的朋友霍桑，他不愿意将自己的想法公诸于世，尤其是他还对这一新图像持有保留看法。除了在演讲和文章中有一两次间接地提及达盖尔和他的银版摄影法外，他从未将这些想法写进他公开发表的作品中；曾经有一次，在一篇阐述“美”的文章中，为了避开银版摄影的字眼，他改变了自己在文中的措辞。[14] 爱默生和亨利·大卫·梭罗（Henry David Thoreau）在他们的日记中都提到，摄影是激发创作灵感的一个重要题材，是一种标准，甚至可被视为写作过程的一个有力类比；然而，不知什么原因，它并没有在公共论述或创作中发挥应有的作用。正是由于这两个原因，对爱默生及其他作家来说，这是一个不可言喻的界限。[15]

作家们对摄影或充满热情，或心怀恐惧，这些全部抒发在自己的私人或匿名文章（如日记、笔记、信件、随笔或者其他未署名的文章）里，作家的许多诸如此类谨慎的行为，在19世纪得以显现。和圈内的其他人一样，伊丽莎白·芭蕾特·勃朗宁对她所处时代的这种机械和商业的时尚也十分质疑，在1843年，她在一封信（该信现在十分出名）中表达了她对“人们的影像被永远地定格这一事实”的惊叹。然而，这位诗人并没有过度地释放自己对摄影的热衷之情，因为她的兄弟们认为摄影“十分怪异”。随着对摄影术此起彼伏的批评声音，约翰·拉斯金对摄影的“矛盾心态”更是令人吃惊。[16] 拉斯金早年对银版摄影法非常关注，当然这并没有引起人们的注意。他在1846年曾写道：“银版摄影法是本世纪最奇妙的发明！”然而，这些言论却在他的信件和青年回忆录中被剔除了，后来他更是公开发表了一些著名的反对摄影的言论，他认为风景照片仅仅是“变了质的自然”，在“艺术层面”一文不值，关于这点他在后期更加成熟的作品和在牛津大学做讲座时均进行了表述。可以肯定的是，这位老批评家已经对这一技术不再抱有任何幻想，因为它没能实现其让人“返老还童”的承诺，并渐渐沦为现代粗俗的帮凶。此外，除了他之前多次说过的摄影对于绘画的帮助以外，拉斯金在他一生中对摄影几乎再也没做什么正面的评价。

这些事例表明，人们对摄影的好感渐失，并将其纳入私人领域，这不仅在于它有失文学风雅，还与文学的自恋尤其是“尚文”风气有关。也就是说，人们看到照片中自己的形象，并且这一形象可能会“让人头脑不冷静”，这加剧了人们对于公开谈论这一“低俗”话题的恐惧；同时，这也反映了对摄影机器和市场所导致的人与人之间关系疏远的批评论调。和普通大众一样，许多19世纪的作家对照片中自己的形象并不满意，并且经常将其视为一次小小的死亡；对他们而言，这种令他们感到困扰的经历更加值得重视。我们在第五章可以看到，文学和作家的形象在同一时期正在成为一种明显的社会体系和商品价值。其他一些著名的例子也表明，即便有一次成功的人像摄影，也未必一定会对摄影这一媒介产生积极的正面评价。

夏尔·波德莱尔便是这方面一个很好的例子。他和摄影之间的复杂联系，尽管经常被拿来与爱伦·坡和摄影的关系做比照，却显示了一种私人使用、反思与公共舆论之间的类似的矛盾性。波德莱尔关于这一主题的观点在其1859年发表的名为《现代公众与摄影术》的文章中可以找到，这是他在当年举办的画展上所发表的评论的一部分，经常被人引用。[17] 摄影被描述为一个“新产业”，威胁要“摧毁法国精神中一切神圣的东西”，它被迷恋于“其微不足道的形象”的“末流社会”崇拜，因此被指控为诗歌与想象力的绝对敌人，其所发挥的有益作用仅仅局限于“科学和艺术的仆人”这一卑微的地位。这种情感的迸发需要结合当时的社会背景来领悟。首先，摄影在1859年画展中第一次亮相，位于一个单独但宽敞的区域，这刺激了这一情感的迸发，并且波德莱尔在其评论中的主导性论点对自然主义或现代艺术（包括摄影）中普遍追求的“精确”进行了全面的抨击。1850年以后，随着新文学学派（也被称为“现实主义”或“自然主义”）的崛起，保守的批评家们就把银版摄影法和摄影联系在一起。例如福楼拜，尤其是泰奥菲尔·戈蒂埃（Théophile Gautier）这样的作家被自称“理想”的捍卫者们称为“摄影作家”。[18] 从这个意义上来说，波德莱尔仅仅是概括了一场争论，这场争论在1857年批评家尚弗勒里（Champfleury）发表了他对现实主义的宣言之后变得更加尖锐。尚弗勒里的宣言用了一个比喻来比较摄影和绘画，他分别找了10位银版摄影师和画师在一个空旷的田野里进行创作，结果发现10位摄影师拍出的照片几乎完全一致，而10位画师的作品则各有千秋。[19]

与尚弗勒里不同，波德莱尔对摄影**总体**上是一种迎合低俗和现代趣味的批评论调，资产阶级由此产生的怨恨又加剧了这一现状，在他晚年时期，波德莱尔进一步认为摄影表现了形形色色的“工业化”“商业化”和“美国化”。与此同时，必须要强调的是，在巴黎的**波希米亚人**中，波德莱尔与几位当时著名的摄影师成为朋友，在这位诗人的积极配合下，其中两位——纳达尔和艾蒂安·卡杰（Etienne Carjat）——为波德莱尔拍摄了许多颇为精彩的照片，这些肖像照后来也成就了摄影的标志性地位。波德莱尔为给其年迈的母亲拍出尽可能好的肖像照（为此他甚至把母亲从家乡接到巴黎）而付出的努力也证实了他对摄影的浓厚兴趣。最终，正如最近我们所看到的，这位诗人在一首非常朦胧的名为《一个好奇者的梦》（Le Rêve d’un Curieux）的十四行诗中，将其对摄影的**恐惧**描绘成一个现代低俗以及死亡预兆的帮凶，该诗出自波德莱尔1860年出版的诗集《恶之花》。这首十四行诗是为菲利克斯·纳达尔

（对页）图 41
菲利克斯·纳达尔（Félix Nadar），《夏尔·波德莱尔》，1854 年到 1860 年之间，蛋白照片。

Nadar

而作，诗中先是将坐在镜头前拍照者的感觉比作期许，然后又将拍完之后的失落比作令人沮丧的死亡经历。[20]此时，对他的密友而言，摄影者既充当了诗歌与摄影之间战争的敌人，又担任了曲高和寡的浪漫主义诗人和来势汹汹的人群之间宽慰的冲突见证者和特权仲裁者。

与此同时，从一个更具历史性的立场来看，《现代公众与摄影术》（*The Modern Public and Photography*）一文显示，随着火棉胶湿版工艺、名片格式肖像和立体照片的出现，摄影术在19世纪50年代后期得到普及。在其中的一段文章中，波德莱尔将对奥斯卡·雷兰德讽刺作品的爱好与“成千上万双眼睛”想要透过“立体照相镜”一窥其真容的欲望联系起来，并将其作为“猥亵之爱”的两个例证，这些被他半开玩笑地归咎于“某位民主作家”的影响。奇怪的是，人们没有注意到，在对公众爱好和摄影社会传播的关注上，波德莱尔的文章引起了另外两篇几乎同一时代的文章的强烈共鸣，这两篇文章的作者或许都被标上了“民主”的标签。这两篇长文章（未署名，仅在书中索引处提及作者名字），其中一篇由伊斯特莱克夫人于1857年发表在《评论季刊》（*Quarterly Review*），另一篇是奥利弗·W.霍姆斯（Oliver W. Holmes）关于立体摄影法和摄影三篇论述的第一篇，于1859年发表在《大西洋月刊》（*The Atlantic Monthly*），后两篇分别问世于1861年和1863年。至于波德莱尔是不是从伊斯特莱克夫人[或许维克多·雨果（Victor Hugo）是更佳人选]身上发现了“民主作家”的线索，这就不重要了，尽管我们知道波德莱尔是英国刊物（以及一些美国刊物）的热心读者。重要的是，这三篇文章的巧合界定了自1839年来摄影作为一种社会和政治的媒介，甚至是一种视觉形式的民主融入公共话语的第一个重要时刻。鉴于这一机缘，波德莱尔的讽刺作品和另外两篇英语文章之间的差异更加令人印象深刻，并且这种差异绝不会仅限于一种“正面”或“负面”的评价。

这一对照首先表明的是法国或欧洲大陆观点与英美观点之间反复出现的一种对立。前者往往局限于对图像的关注，而对摄影师的观点则无动于衷，而后者则认为摄影也是（或许首先是）一种实践行为。罗维·伊丽莎白·里格比（Née Elizabeth Rigby），即伊斯特莱克夫人，作为苏格兰摄影圈的一位亲密伙伴，以及皇家摄影学会首任主席查尔斯·伊斯特莱克爵士(Sir Charles Eastlake）的夫人，很早就对这一媒介有了深入的了解。值得注意的是，她的以技术出版物评论的形式发表的长文并没有以“浪漫主义”的悲观口吻来批评“低俗的观众们”，而是以作为成千上万摄影师的手足兄弟的民主视角而展开的。“现在有了一个新行业，又有了新的乐趣，拥有了一种新的语言，我们因为一种彼此间新的认同而互相依靠”；“这是一种共和理念，很明显我们需要这样一个团体，我们要把摄影当作兄弟来对待”。尽管伊斯特莱克夫人需要重新追溯一下这项发明的历史渊源，她的首要目标是探究摄影与艺术之间的关系，这与波德莱尔的立场是一致的，所以，当她强调摄影的不同价值时，即摄影“仅仅通过展示其所不是之物”，能够帮助揭开“艺术的神秘面纱”，她由此得出的结论与波德莱尔的结论相差不是太大。这些观点符合19世纪摄影方面评论的大趋势，即要体现摄影和绘画（或者统称“艺术”）之间的对抗。说得更具体些，伊斯特莱克夫人更多地关注摄影的社会使用价值，她认为摄影是“人与人之间交流的一种新方式，它既不是书信，又不是留言和图画，但它现在愉快地融洽了人与人之间的关系”。[21] 照片作为符号的讨论在下面一段关于照片“有历史影响的”或奇特特征的文章中达到了巅峰，转载如下：

（对页）图 42
希尔和亚当森（Hill & Adamson），《伊丽莎白·伊斯特莱克》，约 1845 年，卡罗法式摄影法，银盐纸质照片。

从这个意义上讲，没有任何一张曾经拍摄的任何事物或场景的照片会缺乏一种特有的我们称之为历史乐趣的特性，尽管从艺术的标准来衡量这些照片是有缺陷的。由光线造就的每一种艺术形式均是茫茫历史长河中一个瞬间、一个小时或一个阶段的见证。尽管照片可能不能塑造出我们孩子的面容，或者显现如艺术那样真实美丽的效果，但是对于诸如一个孩子的那双特别的鞋子、另一个孩子爱不释手的玩具等较小的细节，摄影都为其赋予了一种特性，而艺术对此甚至从不问津。

这种以孩子的那双“特别”的鞋子为例阐述的“历史乐趣”，与《明室》中关于“**刺点**”和“**存在过**”的论述有着明显的共鸣。[22] 同样引人注意的是，这一发现竟归功于一位女作家，她写了很多游历叙事和小说，同时她还是一位艺术评论家和翻译家。正是这位女学者，在她1857年发表的一篇文章中将其文学和艺术情感融入了摄影探索，她向大众读者阐述了摄影的新奇魅力，摄影不仅是一种艺术，而且是一种语言。正如奥利弗 · W.霍姆斯在其三篇论文中所说，尽管该文章与波德莱尔的主题及其高雅的姿态有些惊人的相似，但伊斯特莱克夫人的文章对未来的批评文学的发展更具有预见性。

霍姆斯有着独一无二的社会地位，他是一名波士顿的医生，也担任《大西洋月刊》的编辑一职，还是一位对摄影和立体摄影（他曾制造出一个手持式立体照相镜）有着浓厚技术兴趣的颇具影响力的批评家，所有这些均反映在他写的这三篇文章之中。在这三篇文章中，他详述了他是如何通过摄影实践来探求摄影的历史文化意义，并采用博学风趣的语言，以迎合《大西洋月刊》文雅高端的读者群。在他的文章中，旁征博引的轶事、风趣的文学典故、摄影的神话解读等比比皆是。在他1859年发表的这篇文章中，开篇讲述了德谟克利特学说和银版摄影法之间的诙谐的联系。德谟克利特认为“所有身体都在不断地投射出自

图 43
佚名摄影师，《威廉·H. 希彭》（*William H. Shippen*），三岁半，名片格式照片，蛋白印相。

己的影像”，而银版摄影法“将我们转瞬即逝的错觉或幻想固定了下来，虔诚的使徒、哲学家和诗人都将这种错觉或幻想视为不稳定和不真实的象征”。[23] 同样地，1861年的文章，《阳光绘画和太阳雕塑》（*Sun Painting and Sun Sculpture*），以太阳神阿波罗剥了玛尔叙阿斯（Marsyas）皮的寓言故事来讽刺“我们现在正剥我们朋友的皮，而我们自己也屈从于被别人剥皮”。[24] 霍姆斯记述了美国内战，披露了战争带来的毁灭和死亡，最终在其1863年发表的论文中确认了摄影与衰老、伤残和死亡之间的内在联系，而这种黑色幽默正是对这一内在联系的预言。

与此同时，霍姆斯阅览了大量立体照片，并参考历史和文学文献配上描述文字，使这些梦幻般的画面富有动画效果，在此基础上，霍姆斯在其1861年发表的文章中展示了“一次跨越大西洋的立体摄影之旅”。霍姆斯“在这个由玻璃和纸片组成的小型图书馆中看到或读到了无数首美妙的诗歌”，并且他将自己置身于这一虚拟图书馆时的专注描述成一种迷失自我的体验。[25] 1860年，在一次前往埃文河畔斯特拉福德镇的“短途旅行”中——这一小镇到1860年已经成为商业摄影师们最爱的一条线路了——这位旅行摄影师漫步在诗圣莎士比亚的故居附近，最终停下来拍了一张房屋背面的照片，这是“一张能让我们浮想联翩的奇怪的照片”：“威廉小时候会不会通过这牛眼般大小的窗格眺望窗外呢？”他继而漫步到安妮·海瑟威（Ann Hathaway）位于休特瑞的小屋，这位博学的窥世者注意到“小屋内的生活和三百年前一样”：“一位年轻男子坐在那儿，略显沉思状”，一只小猫“咕噜咕噜地围着诗人的腿绕圈儿”，以此提醒我们它的存在。在这个古今互相碰撞的遐想中，霍姆斯写道：

台阶下是一个大水洼，栏杆上晾着刚刚洗过的抹布。在这些平凡无奇的琐碎小事中，现实的锋刃却轻易割断了我们天马行空的遐想，而阳光照片所具有的那种妙不可言的魅力就在其中。它赋予了一个场景或面容鲜活的生命；人物画像不可能具有绝对的生命力，因为再逼真的画中人也无法**眨一下眼睛**。[26]

尽管略显浮夸，霍姆斯以其华丽的辞藻恰到好处地展现了文学文化和浪漫想象之间的联系，这直接呼应了巴特后来对肖像摄影特性极为细腻的分析中所提的言论。更令人惊讶的是，霍姆斯在其1863年发表的文章中，对他作为一名业余摄影师当学徒的经历进行了细致的描述，他尝试利用文学文化影响其高雅的读者群体全面了解摄影这一他们都知道但并不一定认可的娱乐形式。这种文化教育作品对读者大有裨益，它与波德莱尔的反说教式抨击形成鲜明对照，同时比起诸如本雅明、瓦莱里、约翰·伯格（John Berger）、巴特、桑塔格等作家后期做出的类似努力，尤其是桑塔格对战争及其丑闻和歧义影像的特别关注，霍姆斯明显走在了前列。

在摄影的文学探索历程中，后来至少有三个重要的契机，在此我只进行简要概述。第一个契机以1900年开始的“绘画革命”（graphic revolution）为中心，并且首先宣称，摄影开始作为小说的一个题材。然而，早在19世纪80年代，“严肃”小说就已渐渐开始体现摄影和摄影师，在接下来的几十年中，这两个主题也成了家常便饭。[27]这样的范例包括托马斯·哈代（Thomas Hardy）的几部小说，特别是《无名的裘德》（*Jude the Obscure*，1896），该书中讲述了裘德两次在偶然发现的一张肖像照片的驱使下所做的一切，正如哈代的诗《照片》（*The*

图 44

佚名艺术家，《位于埃文河畔斯特拉福德镇的莎士比亚的房屋，花园角度拍摄》，19 世纪立体照片中的一联。

The Kodak Story

Of summer days grows in charm as the months go by—it's always interesting—it's personal—it tells of the places, the people and the incidents *from your point of view*—just as you saw them.

And it's an easy story to record, for the Kodak works at the bidding of the merest novice. There is no dark-room for any part of Kodak work, it's all simple. Press the button—do the rest—or leave it to another—just as you please.

The Kodak catalogue tells the details. Free at the dealers or by mail.

Kodaks, $5 to $100
Brownies, $1 to $9

EASTMAN KODAK CO.
Rochester, N.Y., *The Kodak City*

（对页）图 45
弗雷德里克·W. 巴恩斯（Frederick W. Barnes），《柯达的故事》（*The Kodak Story*），柯达照相机广告，1907 年。

Photograph)所说，这一张照片已被烧毁了。[28] 此外，还有费奥多尔·陀思妥耶夫斯基（Fedor Dostoyevsky）的《白痴》（*The Idiot*）、列夫·托尔斯泰的《安娜·卡列尼娜》（*Anna Karenina*）、马塞尔·普鲁斯特的《追忆似水年华》（*Remembrance of Things Past*）等，这些作品均包括了一些涉及对摄影尤其是肖像摄影的发现、探索或者思考的关键场景。流行小说比如儒勒·凡尔纳（Jules Verne）的《基普兄弟》（*The Kip Brothers*，1902)，该书讲述了借助照片调查凶手的案例，通过放大受害者视网膜中的影像，最终找到了真凶。[29] 在同一时期，许多短篇小说或是以一个场景描写开篇或是以一幅摄影照片得到的启示达到高潮。在某种意义上，这样的主题标志着摄影出现了一种新形式的乏味，甚至可能离《太阳的工作》中阐述的古老信仰越来越远：如果摄影成为小说的主题，那么它的真实性就更令人质疑了。然而，与此同时，摄影在小说领域占得一席之地也反映了其在社会中更大的存在或影响力，并且对有些人（比如哈代）来说，这似乎表明了摄影真实的影响力是“过量”的，而不是在减弱。正如格雷厄姆·史密斯（Graham Smith）所说，爱德华·摩根·福斯特（E. M. Forster）在将辛克莱·路易斯（Sinclair Lewis）的风格归为“快照法”时想到的就是这种“过量的影响力”。[30]

此外，早期文学界主要将摄影视为影像的载体，然而，在1880年和“柯达革命”之后，更多的作家将摄影看作一种实践。埃米尔·左拉（Émile Zola）、弗吉尼亚·伍尔芙（Virginia Woolf）等作家实际上将这一想法亲自付诸实践。因此，在西欧以及俄罗斯，人们不仅仅认识了照片，照片的处理甚至制作都已司空见惯，这使摄影成了普通文学景观的一部分，就如同其融入普通哲学景观一样。在安东·契诃夫（Anton Tchekhov）的戏剧《三姐妹》（*Three Sisters*）中，菲度蒂克不断地为他的亲戚们拍照，而普鲁斯特《追忆似水年华》中的几个人物也显示了对摄影积极的兴趣；詹姆斯·乔伊斯的小说《尤利西斯》（*Ulysses*）充满了照片以及基于照片的思考，莫莉·布鲁姆（Molly Bloom）把摄影当作了她的事业。[31] 然而，越来越平凡的摄影并没有打消人们早期的矛盾心态或者影像对文学的外来性这一根深蒂固的情感。这一时期摄影方面的"思想记录"（如今是以小说的形式出版，而不是记录在私人日记或者新闻文章中），尤其在法国，以摄影魔力的一些新的表现形式为主导，很多情况下摄影还被指控具有背叛、危险甚至谋杀的倾向。其时，出现了两部与法国小说迥然不同的作品：贵族的象征主义者维里耶德利尔·亚当（Villiers de l'Isle Adam）所著《未来的夏娃》（*Tomorrow's Eve*，1886）和广受欢迎的新幻想主义作家儒勒·凡尔纳的《喀尔巴阡古堡》（*The Carpathian Castle*，1892），以相似的基于摄影的方式展现了邪恶的异域人打造弗兰肯斯坦克隆人（Frankensteinian clones）的实验。（维里耶德利尔文中的工程师名叫爱迪生，他创造了一个完美的机器人女性。）过了很久，阿道夫·比奥伊·卡萨雷（Adolfo Bioy Casares）在其《莫雷尔的发明》（*The Invention of Morel*，1940）中采用了类似的主题，并且科幻小说中也出现了无数的克隆人角色[例如菲利普·K.迪克（Philip K. Dick）1969年创作的《尤比克》（*Ubik*）]。

在《追忆似水年华》中，摄影的力量可谓非比寻常，无论是在小细节上，还是在一些发现和亵渎行为中，例如阿尔贝蒂娜（Albertine）之吻和凡特伊（Vinteuil）的女儿对其肖像的亵渎，而其中一条重要的主线是在泛滥的平庸或低俗的照片中寻求一张——自己的或

（对页）图 46
里昂·贝内特（Léon Benett），《弗朗兹·德泰莱克》，儒勒·凡尔纳《喀尔巴阡城堡》（巴黎，1892年）一书中的彩色平版印刷插图，展现了鲁道夫·德格尔茨男爵城堡中的弗朗兹·德泰莱克，图中右侧为首席歌者拉·诗狄娜的肖像。

« FRANZ DE TÉLEK!... » S'ÉCRIE RODOLPHE DE GORTZ. (Page 190.)

所爱的人的——真实的照片。虽然柯达及其从业者们用符号表现了现代视觉的庸俗，但不得不说，在这部小说的末尾，他与其身体萎缩、已然变老的祖母那次意外而又令人印象深刻的会面演化为一张照片的拍摄。[32] 亨利·詹姆斯在其短篇小说《真品》（*The Real Thing*，1892）中将这种庸俗和社会运作力都归功于摄影。在这部极具讽刺意味的短篇小说中，一位插图画家碰到了一对家道中落的贵族夫妇，莫纳克（Monarch）夫妇，前来寻求做模特营生，他们深信自己正是这一风格（即“真品”）的体现，然而，最后拍照时他们并不能表现出任何贵族气息。正如他们所说，这是因为“（他们）已经拍过无数次照片了”，他们已经成为没有任何实质而徒有其表的图

图 47
曼·雷（Man Ray），《超现实主义流派场面热烈的会议》，约 1924 年，黑白照片。

像。[33] 在这个故事中，随着普鲁斯特拍摄更多的照片，这些后来被称为“拟像”（simulacrum）的照片能够使人睹物思人，从而被尖锐地认定为文学的劲敌，同时也成了现代文学批评的一个主题。

摄影文学探索的第二个重要契机开始于20世纪30年代。1939年，在摄影诞生一百周年纪念时，保罗·瓦莱里发表了一次演讲，他探讨了“摄影在概念层面”对文学和历史的影响，这在当时还没有得到充分的研究。[34] 尽管不易察觉，瓦莱里追随了波德莱尔和普鲁斯特在摄影评论方面的论调，他在这篇十分晦涩难懂的演讲稿中对摄影的最新发展做了回应，比如超现实主义实验，这几乎无意中体现了爱伦·坡提出的摄影具有无限新奇性的老调子。克里斯托弗·菲利普斯（Christopher Phillips）注意到，在20世纪20年代到30年代成年的艺术家们，在欧洲先锋派开创性的视觉多媒体实验的启发下，多次对摄影发表内心的感叹：“直到最近摄影的意义才真正被发现。”[35] 随着插图新闻媒体的出现，对很多人而言照相机在社会和政治争斗中所发挥的作用也日益明显，受这些现实条件的刺激，人们迫切要求对摄影发明重新进行评估。[36] 在机器化的冷漠世界里，仍然包含越来越多的蔑视现代性的力量，如法国作家乔治·杜哈曼(Georges Duhamel）的《未来生活之景》（*Scènes de la Vie Future*，1930）强烈地抨击了（美国）电影技术。

当瓦莱里谨慎地提出摄影和“描述性体裁”——即文学现实主义——是同时出现的观点时，他其实重复了20世纪30年代就已经存在的一种观点，这一时期与该观点共存的还有摄影与绘画抽象化的同步性；然而，由于政治威胁以及机器化对文化造成的扰乱，使得这两种观点的发展举步维艰。如果不充分关注这一历史背景以及文学（尤其是波德莱尔）作为现代批评风向标的作用，人们对瓦尔特·本雅明对摄影及其再生性的兴趣或吉塞尔·弗洛伊德（Gisèle Freund）在1936年创作的关于19世纪法国摄影的“社会学与美学”（sociology and aesthetics）的著名论文将很难被正确地理解。[37] 到1940年，在研究摄影（以及电影）具有广泛认可的宏观历史影响方面，文学文化已成为一种首要资源；战后，对从安德烈·马尔罗（André Malraux）、安德烈·巴赞（André Bazin）到齐格弗里德·克拉考尔（Siegfried Kracauer）、威廉·埃文斯（William Ivins）和丹尼尔·J.布尔斯廷等这些作家而言，文学文化成为一种新的历史文化和“影像文明”。

图 48
吉塞尔·弗洛伊德，瓦尔特·本雅明，巴黎，1938 年，彩色照片。

第三个重要契机是1960年以后发生的文学、摄影、摄影文学以及概念性实验的爆炸，这些均逐渐成了文学摄影的自然伙伴。20世纪50年代，包括照片或摄影——尤其是照片作为一种情节触发器往往引发或揭露谋杀真相——在内的小说探索的早期模式得到了放大，如阿加莎·克里斯蒂（Agatha Christie）的小说《清洁女工之死》（*Mrs McGinty's Dead*，1952），以及一些短篇小说，如尤金·尤涅斯库（Eugène Ionesco）的《上校的照片》（*The Colonel's Photograph*，1955）、伊塔洛·卡尔维诺（Italo Calvino）的《摄影师奇遇记》（*The Adventures of a Photographer*，1955）。该时期最为著名的是胡利奥·科塔萨尔（Julio Cortázar）的《放大》（*Blow Up*，1959），

（对页）图 49
约翰·哈特菲尔德（John Heartfield），《纳粹食品行业的最新样本》（*Neueste Muster der Nazi-Lebensmittelindustrie*），1936 年，照片蒙太奇凹版印刷图片，刊登于《工人画报》，1936 年 1 月 9 日版。

Neueste Muster der Nazi-Lebensmittelindustrie 1936

Fotomontage: John Heartfield

GRAN PREMIO INTERNAZIONALE AL FESTIVAL DI CANNES 1967
METRO GOLDWYN MAYER PRESENTA
UNA PRODUZIONE DI CARLO PONTI
Un film di
MICHELANGELO
ANTONIONI
VANESSA REDGRAVE
BLOW-UP
DAVID HEMMINGS · SARAH MILES
METROCOLOR

作品在1966年被意大利电影大师米开朗基罗·安东尼奥尼（Michelangelo Antonioni）改编成一部电影。正如简·拉布所说，摄影现在已经成为短篇小说的一个司空见惯的主题[短篇小说最早开始于20世纪初，从安东·契诃夫、鲁德亚德·吉卜林（Rudyard Kipling）到弗拉基米尔·纳博科夫（Vladimir Nabokov）、托马斯·曼（Thomas Mann）和冰心，20世纪七八十年代，短篇小说在美国开始盛行]。[38]中长篇小说，尤其是在语象叙事方式上，重复了较旧的探索模式，尽管他们试图强调摄影的不完整和难以理解，而不是其无穷无尽的可探究性。在《诺亚》（*Noé*，1961）中，让·吉奥诺（Jean Giono）描述了一场虚构的乡村婚礼，整个描述以一系列照片为基础。[39]在《舞会路上的三个农民》（*Three Farmers on Their Way to a Dance*，1985）中，理查德·鲍威尔斯(Richard Powers)将这一理念出色地贯穿于整本书对摄影师奥古斯特·桑德同名照片的阐述中。

到1980年，尽管罗兰·巴特认同摄影为新事物，但摄影的新奇性在通俗文化中逐渐减弱，并成为一种说教性的主题，而继续以摄影的探索性为主题的小说往往以展现怀古之情或遗忘的角落为背景，如帕特里克·莫迪亚诺（Patrick Modiano）或后来的W.G.塞堡德（W. G. Sebald）的作品就是这样。[40]巴特在《明室》结束语中写道，“我们无法将摄影的‘疯狂’变为艺术”，这表明巴特也意识到将摄影描述为一种“新艺术”是缺乏依据的，并且对于那些以继续赞叹摄影现实主义的神奇为己任的作家来说（也就是，摄影能证明现实的神奇），[41]他们今后需要向那些已经滋生怀疑的后现代读者反复灌输这一经历。从这个意义上讲，《明室》不仅概括了一个半世纪以来摄影探索的文学传统，而且也充当了其自身的一

（对页）图 50
埃尔科莱·布里尼（Ercole Brini），米开朗基罗·安东尼奥尼电影《放大》的海报。

个较短的时间表，其中随着结构主义的发展，摄影已经变成现代媒体和信息的符号学、人类学分析的一个主要对象。在某些情况下，这一“新”媒体分析明显地与文学文化产生了碰撞，比如马歇尔·麦克卢汉（Marshall McLuhan）怒斥丹尼尔·J.布尔斯廷将“伪事件”(pseudo-events)视为“文学”的行为。[42] 然而，欧洲的符号学家，从路易斯·叶尔姆斯列夫（Louis Hjelmslev）、阿尔赫西拉斯·格雷马斯（Algésiras Greimas）到安伯托·艾柯（Umberto Eco）、巴特，以及麦克卢汉自己，在对图像和其他信息进行分析时总是依托文学背景。在《明室》之前，除了像约翰·沙考斯基（John Szarkowski）那样的视觉评论家的作品以外，20世纪70年代摄影方面最具影响力的文章多出自文学批评家之手，排在首位的便是苏珊·桑塔格。桑塔格的《论摄影》在1977年出版，该书以黛安·阿勃丝拍摄的城市畸形人的照片为例，以怀旧的笔调详细叙述了惠特曼眼中的普通英雄主义与当代（美国）摄影梦想的幻灭之间的对抗。根据桑塔格所述，自“二战”以后，“以完全直白的方式记录目前的美国印象的惠特曼式风格已经不再流行了。”[43] 巴特对桑塔格作品的认可非常谨慎——有一段时间通过书信——他指出了桑塔格对死亡和痛苦主题的色情文学的关注；但这可能意味着巴特与桑塔格以及更早一点的夏尔·波德莱尔和伊斯特莱克夫人之间心照不宣的默契关系（后两人之间的关系还不那么明显）。随着瓦尔特·本雅

图 51
苏珊·桑塔格著作《论摄影》封面（纽约，1977 年）

明作品的传播——后来人在之后摄影方面的评论作品中会强烈地感受到这一点，从W.J.T. 米切尔（W.J.T. Mitchell）到伯纳德·施蒂格勒，从雷吉斯·杜兰德（Régis Durand）到罗莎琳德·克劳斯（Rosalind Krauss），这些作家都有过这方面的创作。

在同一时期，后现代主义对一种与图像密切相关的“仿像”（simulations）文化的批评，用让·鲍德里亚（Jean Baudrillard）的话来说，将成为许多现代小说的中心思想。这点在美国尤为突出，从沃克·珀西（Walker Percy）到保罗·奥斯特（Paul Auster）、唐·德里罗（Don DeLillo），他们小说中对照片或视频影像的详细研究使人们对摄影的探索产生了一定的盲目性，即不是去探索“无限的细节”，而是去探求一种深不可测的空洞的东西。然而，巴特之后的评论家提出了这样一个悖论，即巴特对摄影现实主义的赞美就算与摄影艺术和摄影作者无关，也体现了文学对这一媒介具有一种全新的吸引力，同时也表明摄影师开始作为一个成熟的群体可以在文学界发声。

第四章

摄影文学

反映生活感受的题材有很多，至于具体采用哪种，又有何区别呢！

——爱德华·韦斯顿（Edward Weston），《日记本》(*Daybooks*)，1927 年 5 月 20 日 [1]

一般来说，19世纪的摄影师算不上什么作家，更别说是文学作家了。人们往往认为摄影与想象之间并无太多瓜葛，更不必说摄影本身所具有的想象了。1839年，弗朗索瓦·阿拉戈首次代替达盖尔在法国科学院发表演说，自那以后的很长一段时间内，身为摄影师便通常意味着由于种种原因而没有话语权。伊波利特·贝亚尔（Hippolyte Bayard），这位达盖尔在摄影发明方面的竞争对手不怎么走运，他在1839年曾试图通过他的相纸工艺引起法国科学院的兴趣，却徒劳无果，硬生生被阿拉戈压制下来。之

图 53
伊波利特·贝亚尔，《溺水者自画像》，摄于1840年，直接正片印相。

后，他通过一幅作品对此做了无声但形象的回应。他假扮溺水身亡，拍下这张《溺水者自画像》（*Self Portrait as a Drowned Man*）的照片，这张照片现在非常著名。现在看来，这一明显虚构的形象会让人想起后来人们自嘲或扭曲自我的做法。自拍像这一艺术形式在当时甚至并不被人们所承认，仅仅可以称得上是一种试验性质的艺术活动。然而，对于第一代摄影家而言，在展示自我时，比起有组织的书面语言，自拍像很可能更加普遍。而在照片中插入倒影、阴影或是摄影师的题词越来越普遍，这是一个细致缜密的过程，提醒人们“光绘图片”（Sun-picture）不单单是指有关太阳的作品这么简单。

（对页）图 52
罗伯特·科尼利厄斯（Robert Cornelius），《自画像》（*Self-portrait*），1839年9月或10月，达盖尔银版摄影，1/4底版。

此外，除了一些技术性文章，19世纪的摄影师们几乎再也没有发表什么其他作品了。并且现在人们眼中那个世纪的很多大师级人物，也几乎没有留下什么书面作品，甚至连报道或书信都没有。当然，确实也有许多其他摄影师小心谨慎地以日记和档案的形式进行了记录（其中一部分在当时就出版了，但大部分都是在作者死后才得以出版）。在很多国家，一些高级业余摄影爱好者和更多的摄影行业的领头人发表了诸多摄影方面的手册和论文，其中有些在内容上涉及相当广泛，具有远大的抱负。比如爱德华·布兰德利（Edward Bradley，1855年曾以幽默的笔名卡斯伯特·比得写了《摄影的乐趣》一书）、朱莉亚·玛格丽特·卡梅隆（Julia Margaret Cameron，1815—1879）、刘易斯·卡罗尔[Lewis Carroll，著有《神奇的摄影》（*Photography Extraordinary*，1855）]，以及后来的亚瑟·柯南·道尔（Arthur Conan Doyle）、H. G.威尔斯（H. G. Wells）和萧伯纳（George Bernard Shaw）等"文学"业余摄影师，他们坚信摄影在诗意、想象和幽默方面的力量，形成了独特的英国式传统。一位名为马库斯·鲁特的美国专业摄影师，他在经历了一次严重事故后开始从事写作，[2]于1864年出版了名为《相机与铅笔》（*The Camera and the Pencil*）的专著，他在该论著中表明，在进行肖像摄影时，摄影师可以将写作和绘画结合起来，从而提升摄影的艺术地位。正如在这个行业的教学以及"改进"过程中所做的那样，这样的书往往专注于摄影艺术的合法化，书中充满了文学上的引用，似乎旨在提升摄影处于萌芽状态的艺术性。

相比之下，就连蒂莫西·H.奥沙利文和尤金·阿杰（Eugène Atget）这两位"摄影界的元老"都对摄影的文学性及其档案记载保持了惊人的沉默，更别提其他一些名不见经传的小人物了，他们的这种沉默也没有引起人们的充分重视。其实，这种沉默与他们爱好猜测的性格是分不开的，公开发表言论必招致人们的批判，20世纪30年代以后，大多数批判的矛头都指向了这两位“匿名的”现代主义摄影鼻祖。[3] 不管怎样，在我看来，摄影师如何理解写作、文学以及表达的问题，与他们的公共社会地位密切相关，同样也与摄影师用来表现自我的各种方式息息相关。因此，在这一章中，我将尤为关注20世纪萌生的一种更为宏大的话语，以及“严肃派”摄影师们为其写作而付出的努力，这有力地促成了对摄影的一种全新理解，即一种富于表现力甚至往往是自传式的媒介。围绕自我表现及表达的问题，我将详细阐述把摄影师定义为作家和故事讲述者的新趋势，这一经常被忽视的趋势恰恰表明了摄影作为一种**口才**艺术的崛起。然而，在20世纪后半叶这个小说和表演并行发展的时期，我不会将自我表现问题仅仅局限于摄影的修辞表现，并会将**戏剧风格**视为一种摄影文学发展的新方向。到2000年，很多人已经认可了19世纪摄影师们之前的这种沉默，将其解读为一个与摄影发展相关的新语境。

在1900年前后，第一代资深摄影师们写的一系列文字感言及一些篇幅更长的自传式陈述问世。这一趋势开始于19世纪70年代，并且在接下来的三十年间，资深摄影师们又创作了一大批自传、历史以及一些较短的回忆录，例如，英格兰的朱莉亚·玛格丽特·卡梅隆[她在1874—1879年间创作的尚未完成的作品于1890年以《玻璃屋手记》（*Annals of my Glass House*）的名称出版]和约翰·沃戈（John Werge）；美国的艾伯特·桑兹·索思沃思（Albert S. South worth）、J.F.赖德（J. F. Ryder）和马修·布雷迪[1891年完成《汤森德访谈》（*Townsend interview*）]；此外，还有法国最为著名的纳达尔[1900年他出版了《我的摄影生涯》（*My Life as a Photographer*），这是一部内容全面的文学自传著作]。纳达尔和他的弟弟阿德烈（Adrien）曾拍摄了一部出色的“小丑”（Pierrot）系列寓言摄影影像，他将摄影比作像他自己一样富于戏剧性并多才多艺的小丑，然而却似乎又影射了对摄影威胁性的指责。[4]在1900年以前，纳达尔就已经发表了几篇关于他乘坐热气球进行高空摄影实验的自传式回忆文章。1900年，纳达尔发表了他的权威版自传，该自传的法文题目表明，到这一阶段，纳达尔已经将“摄影”视为他漫长的一生以及（法国）文化历史中的一部分；利昂·都德（Léon Daudets）在该书序言中称其为“过去五十年的见证者”。这本书实际上是一部包含不同主题和风格的短篇集锦，大部分是自传和一些常见的轶事，虽然有些文章略显严肃甚至有些令人毛骨悚然（尤其是著名的对地下墓穴纪实摄影的描述以及“凶案摄影”，一篇由1860年产生重大影响的谋杀案件而编成的小说）。纳达尔的其他文章，比如《摄影的渊源》（*The primitives of photography*），却尝试讲述这一媒介的历史，开篇介绍了现在著名的“巴尔扎克和银版摄影法”的渊源，揭示了他对摄影发明的理解以及他的光谱放射“理论”；纳达尔的另一篇关于19世纪30年代文化氛围的文章显然是重点围绕现代主义的到来而展开，摄影见证甚至参与了（法国）社会的转变。

1900年前后爆发的这一摄影界“自揭家底”式的潮流，不仅仅是出于这些曾经的杰出人物一时间想写自传的心血来潮，也是因为在他们职业生涯行将结束时，他们大多数人恰好意识到这一职业所孕育的伟大转变。基于这种对摄影的全新认识，即摄影“创造了历史”（并且，对于纳达尔或布雷迪等摄影师来说，他们对国家的许多历史做了记录），尤其在1890年以后小型照相机、胶卷和大众摄影

（对页）图54
菲利克斯·纳达尔，《哑剧演员德布洛：丑角摄影师》（*Le Mime Debureau: Pierrot photographe*），1854–1855年，蛋白照片。

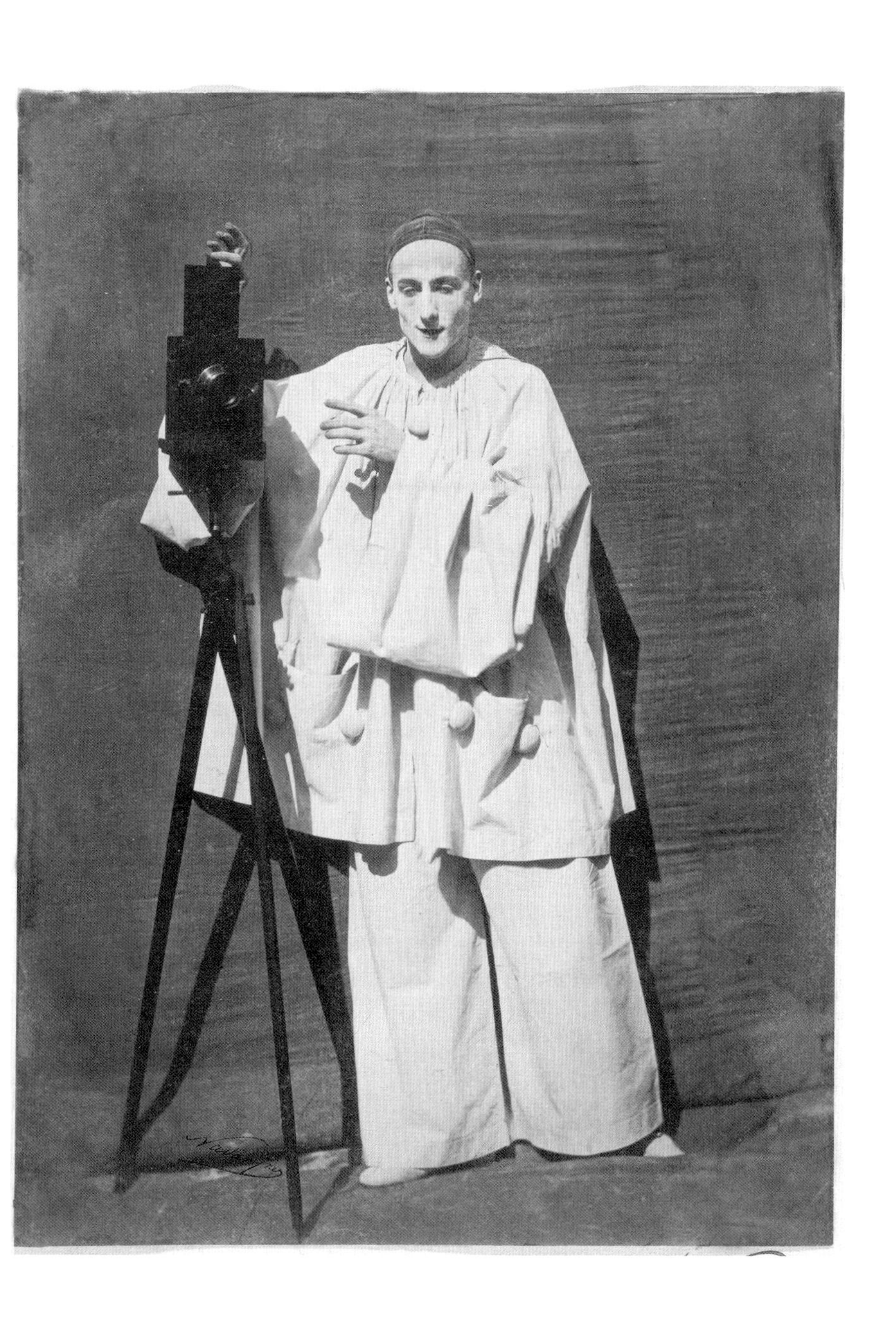

兴起以后，摄影也“成为了历史”，他们有了公开发表言论或写作的新的冲动。这些资深摄影师的回忆录中反复流露出这样一种观点（有时是一种哀伤之感），随着柯达小型照相机的出现和传统专业技术的随之衰退，摄影发生了变化，并正在变成人们的一个玩具，充其量只能算是大众文化的一种形式。布雷迪在其具有怀旧情怀的回忆录中梳理了他很多文化名流朋友在（美国南北）战争爆发前的轶事，如卡梅隆通过镜头记录了无数文人墨客逼真动人的形象，又如纳达尔叙述了他与巴尔扎克、波德莱尔等法国知识分子的友谊，这些回忆温和婉转地暗示我们，在快照、插画明信片和电影盛行的时代，这些摄影界先驱们眼中那个摄影艺术的黄金时代正在慢慢衰退。特别是明信片，作为十分受欢迎的通讯方式，显示了图片作为一种书写界面的新应用以及一种普通旅行和回忆话语的兴起，这种旅行

图 55

佚名摄影师，《瀑布上方的急流——来自尼亚加拉瀑布的问候》（*The Rapids above the falls .Greeting from Niagara Falls*），平版彩色印刷明信片，约制作于 1907 年；上面写有“昨夜布法罗发生的最精彩的一幕”的文字，盖有尼亚加拉瀑布的邮戳，1907 年 9 月 7 日。

图 56
佚名艺术家，《森林湖》（*Forest Lake*），新罕布什尔州怀特菲尔德市，约 1906 年，彩色明信片；上面写有“还记得我们在这个岛上度过的周日吗？——比尔”，邮戳上印有怀特菲尔德市，1906 年 8 月 16 日。

和回忆话语在某种程度上已经取代了早期更为宏大的旅行叙事。

怀旧风格的摄影自传贯穿整个20世纪，像以前一样，内容通常涵盖摄影师们声称摄影记录了“历史”，是“历史”的一部分，甚至创造了“历史”，但没有过多地考虑美学方面，其中一个典型的例子是美国风景画家威廉·亨利·杰克逊（William H. Jackson）。他出版了大量自传体和记忆性作品，数量之多，令人眼花缭乱。他活了99岁，一生中出版了数个版本的回忆录，外加“柯达时代”到来之前的无数关于早期“先驱摄影”所经历的美好与辛酸的史料性文章。[介绍其生平事迹的最“官方的”传记为《定时曝光》（*Time Exposure*），在1940年，即他去世的前一年出版。]在一次又一次地叙述他作为一名“摄影先驱”的经历时，他几乎从来不对自己拍摄的影像做任何评论，相反他关注的是照片所体现的故事的叙述（往往是记述英雄及其英雄事迹的）。[5] 他的怀旧情怀明显地转向田园风格，这呼应了20世纪30年代在数个国家中滋生的对摄影的新的认识，即摄影不仅记录了现代性和一种全新的视觉文化的到来，而且对它们的到来起了重要的推动作用。因此，在20世纪30年代，杰克逊和其他作家在自传和回忆录写作方面的冲动在最早的摄影“社会”或“文化”历史故事中得到了呼应。例如罗伯特·塔夫脱的不朽著作《摄影与美国风情》（*Photography and the American Scene*，1938），它将摄影视为一种遗产或民俗文化，而不是像当时的一些收藏家或博物馆馆长认为的那样，是一种艺术。德国赫尔穆特·波士（Helmut Bossert）和海因里希·古特曼（Heinrich Guttmann）做的早期调查[6]是另一份遗产或民俗文化方面的文本，他们的这一调查也是瓦尔特·本雅明《摄影小史》（*Short history of Photography*，1931）的原始资料来源之一。可以说，本雅明“小史”形式的摄影历史记载对20世纪30年代不断扩大的摄影文学规模来说是一种不显眼的讽刺，正如巴特《明室》的副标题“摄影札记”（A Note on Photography）对摄影文学在20世纪70年代快速扩张的暗示一样。

尽管20世纪70年代强调的是摄影风格，但在经过尤其是报社、机构摄影师或新闻摄影记者图文并茂的包装后，杰克逊的英雄主义模式延续了下来。这些摄影师或新闻摄影记者的工作环境和社会功能常常和那些19世纪的探险家相差无几。尤其是罗伯特·卡帕（Robert Capa）1947年出版的《焦点不实》（*Slightly Out of Focus*），该书对第二次世界大战悲喜交加的叙述使其成为动态摄影文学的一个典范。[7]类似的还有布拉塞和罗伯特·杜瓦诺（Robert Doisneau）的例子。然而，到20世纪末，这种怀旧和田园式的风格已变成摄影文学中一种更为脆弱的声音；虽然写作和出版书籍已经成为摄影成就的标志，并且许多摄影文学作品具有强烈的自我表现性，但是至少在数字革命激发新一轮的怀旧情怀之前，它不再主要遵循“先锋”模式。

图 57
威廉·亨利·杰克逊，《亚利桑那州大峡谷》（*The Grand Canyon in Arizona*），约 1900 年，彩色印相。

1900年以后，除了回忆录以外，另一种重要的话语形式也一直出现在先锋派（从画意摄影艺术到之后的现代主义和超现实主义）推动摄影为艺术的改革行动中，这一形式就是：宣言。可以肯定的是，对摄影是艺术这一思想的辩护早就存在，尤其是在英国（皇家摄影学会很早就充当了画意摄影圈前身的角色）甚至法国；在美国，马库斯·鲁特声称，“照相制版法”（他对摄影这一媒介的称呼）不仅属于艺术，而且位居艺术圈子的“前列”，而在德国沃格尔·赫尔曼（Hermann Vogel）的倡导下，深度了解摄影技术应作为成功艺术实践的先决条件。尽管如此，画意摄影师连同许多作家一起在推动摄影为艺术方面进一步做了很多考证工作。欧洲的画意摄影师们在他们的美国

（对页）图 58
葛楚德·卡塞比尔（Gertrud Käsebier），《阿尔弗雷德·施蒂格里茨》，1902 年，玻璃干版的数码复制品。

同行之前已经在这场为摄影争取艺术地位的斗争中付出了大量的心血，程度之大，史无前例。他们很大程度上赢得了文学和艺术界人士的支持，并通过在世界领先的学术杂志上发表评论文章从而为摄影争取了一种全新的社会认可度。[8] 在英国以及欧洲，最令人关注的是出生于古巴的彼得·亨利·爱默生（Peter Henry Emerson），一位哲学家的远亲。他从这位哲学家身上认识到了一种不可撼动的信念，即自立为艺术家的基本美德。彼得·亨利·爱默生对"自然主义摄影"慷慨激昂的宣言将对摄影技术的详细了解和一种独特的后浪漫主义美学或伦理学结合了起来，称赞摄影是一种表达的"媒介"。

众所周知，这一趋势在阿尔弗雷德·施蒂格里茨持久的激烈"斗争"中达到了顶峰，这是基于"严肃"摄影整体上以及阿尔弗雷德·施蒂格里茨自身的努力而实现的。虽然很明显这位摄影分离派团体的领导者没有写过书，但他创办了那一时代最重要的两种摄影刊物：《摄影笔记》（*Camera Notes*，1897–1903）和《摄影作品》。很多当时非常有影响力的文章均在这两种期刊上发表，其中包括作家［施蒂格里茨后来声称"发现"了的葛楚德·斯坦因（Gertrude Stein）］和批评家［尤其是萨达基奇·哈特曼（Sadakichi Hartmann），或堪称该时期最尖锐的摄影作品评论家］[9] 的相关摄影评论。甚至在之前着手改革摄影时，施蒂格里茨就有在专业刊物上发表他的照片评论的习惯，这一习惯传承于19世纪的技术人员，并且现在这些评论越来越多地彰显了一种唯美转向 [10]。他对照片《冬天的第五大道》（*Winter – Fifth Avenue*，1893）的注释现在已非常著名，在注释中他曾描述，在一个寒冷的冬夜，在曼哈顿皑皑白雪的街道上，他耐心地守夜，等到"一切都处于平衡状态"的时刻。这个例子表现了施蒂格里茨的美学

信条，也表明了他以书面形式明确表达和传播这一信条的非凡能力。施蒂格里茨首创了艺术摄影的说法已是老生常谈，更具体地说，“摄影师的视角”是艺术真正富于创造力的媒介。对于这一断言，必须要补充的是，自施蒂格里茨起，摄影师的钢笔及其华丽的辞藻成了创意视角的常用辅助工具。这是塔尔博特和达盖尔时代的一个惊人逆转，因为即便对塔尔博特而言，自然的画笔也是一个潜在的代替品，不仅仅用来绘画，也用于写作。

自施蒂格里茨以后，人们日益认识到，伟大的摄影师就是被赋予了特殊创意才能的艺术家，这一说法与另一种观点齐头并进，即“优秀的照片”是包含有意识的选择的象征性概念，从而需要评论和记叙。施蒂格里茨本人及其几个门生，如保罗·斯特兰德（Paul Strand）极大地促成了这一趋势，这也强制性地使第一人称单数“我”在摄影的新话语中非常普遍。自画像作为一种重要的媒介类型被不同的画意摄影师和现代主义摄影圈内人士津津乐道和推广，而这个行业以前的很多实验往往或是私下的或是不明确的，这一情况的出现绝非偶然。同样，这些团体经常借助于隐喻和文学典故高调地推广标题影像——一个典型的例子是施蒂格里茨用来展示自己人生体验的“云”系列作品，他称之为《对等》（*Equivalents*），这大大地促成了摄影作为象征主义艺术的资格。这种对摄影在语义和修辞方面高密度的全新阐释收藏于《美国和阿尔弗雷德·施蒂格里茨：集体肖像》（*America and Alfred Stieglitz:A Collective Portrait*，1934）一书中。该书汇集了一大批引人瞩目的现代主义作家和批评家，其中包括刘易斯·芒福德（Lewis Mumford）、威廉·卡洛斯·威廉姆斯（William Carlos Williams）、瓦尔多·弗兰克（Waldo Frank）和保罗·罗森菲尔德（Paul Rosenfeld），以评估施蒂格里茨的摄影，并争取其服务文化民族主义；即便在这备受崇拜的作品出现之前，舍伍德·安德森（Sherwood Anderson）、西奥多·德莱塞（Theodore Dreiser）和哈特·克莱恩（Hart Crane）就已经发表过（通常是赞颂的）对施蒂格里茨摄影作品的评论。[11]

几年之后，博蒙特·纽霍尔（Beaumont Newhall）为纽约现代艺术美术馆筹划的回顾摄影的第一个百年展览"摄影：1839—1937"，用艾伦·塞库拉（Alan Sekula）的话来说，就是利用施蒂格里茨的"摄影发明的意义"，创建了对摄影作为一种**媒介**的历史的宏大叙事，其中就包括了大量的文学渊源。[12] 沃克·埃文斯1938年出版的《美国影像》（*American Photographs*）及林肯·柯尔斯坦（Lincoln Kirstein）为这本画册撰写的雄辩的评论促使威廉·卡洛斯·威廉姆斯出版了《照相机的启示》（*Sermon with a Camera*）一书。1926年，弗吉尼亚·伍尔芙和罗杰·弗莱（Roger Fry）出版了一册对朱莉亚·玛格丽特·卡梅隆的照片的评论，成为一个大胆之举。然而，到20世纪后半叶，作家为摄影书籍作序或进行评注已经司空见惯了。这样的例子包括：二战后，詹姆斯·艾吉为海伦·莱维特（Helen Levitt）的画册《一种观世之道》（*A Way of Seeing*，1946）做了评注；让-保罗·萨特为亨利·卡蒂埃-布列松（Henri Cartier-Bresson）的《从"一个中国"到"另一个中国"》（*D'une Chine à l'autre*，1954）一书作序；兰斯顿·休斯（Langston Hughes）1956年为罗伊·德卡拉瓦（Roy DeCarava ）的作品做了注释；

图 59
安德烈·柯特兹，自拍像，1927 年，明胶银盐照片。

图 60

戈登·帕克斯(Gordon Parks),《兰斯顿·休斯的肖像》(*Portrait of Langston Huges*),1941 年,明胶银盐照片。

保尔·艾吕雅（Paul Éluard）和让·考克托（Jean Cocteau）1957年为吕西安·克雷格（Lucien Clergue）的作品做了评注；杰克·凯鲁亚克为罗伯特·弗兰克的摄影集《美国人》（1958）作了序言；劳伦斯·德雷尔（Lawrence Durrell）1961年为比尔·布兰特（Bill Brandt）的摄影作品做了评注；作家三岛由纪夫（Yukio Mishima）为细江英公（Eikoh Hosoe）摄影集《蔷薇刑》（*Killed by Roses*，1963）做了评论。毫无疑问，对这一体裁的详细研究将清楚地表明，在20世纪后半叶，摄影在文学上获得了越来越高的认可度。

“摄影的修辞表达手法”有一位典型的拥护者，这位拥护者还对其表达过不满，他就是活跃在20世纪20年代到50年代，来自加利福尼亚的风景摄影家爱德华·韦斯顿，他所拍摄的沙丘、青椒或抽水马桶的照片，都是象征主义摄影的经典作品。韦斯顿的《日记本》是一本丰富多彩的日记，记录了他在1923年到1934年之间进行的摄影活动，自1928年起开始陆续出版。在这本书中，韦斯顿用记叙和描述两种手法［然而，安塞尔·亚当斯（Ansel Adams）在为他的照片做注解时认为，他通常没有用到这两种手法］煞费苦心地叙述了一位摄影师在“表现或揭露事物本身”这条道路上的探索。博蒙特·纽霍尔曾写道，韦斯顿日记所展现出的强烈的艺术魅力只有德拉克罗瓦·尤金（Delacroix Eugène）的日记可以与之媲美。[13]尽管与杰克逊的“回忆性作品”处于同一时期，韦斯顿的作品却具有自传体冗长与繁琐的特性，而这点正与他的前辈的作品形成了鲜明的对比，对比通过“强调摄影是一种表达手段且过分解读其在获得充足影像方面的局限性（通常是由于作品的精神输入所致）”表现了出来；甚至当他在反驳外界的批评时，他仍怀有强烈的愿望——为其对摄影现状的“洞察力”辩解。

在20世纪50年代，米诺·怀特（Minor White）和他的杂志《光圈》（*Aperture*）将这种修辞表达发展到了一个新的高度，且《光圈》杂志积极地将艺术摄影的振兴与“精神上（近乎形而上学主义）高度接近于现象世界”这种行为意识联系在了一起。

美国摄影作家的传统与更加显而易见的摄影书籍的传统，在约翰·沙考斯基创作其影响深远的作品的过程中发挥了重要作用，而且在这期间，也就是20世纪六七十年代，沙考斯基由一名摄影师成了纽约现代艺术博物馆摄影部主任。他的一系列展览与展品目录在很大程度上决定了美国甚至是海外摄影格局的走向。《摄影师之眼》（*The Photographer's Eye*，1966）一书便应被归入这种类型中，而不应只被看作是现代主义流派长期斗争的成果。这本书追溯到施蒂格里茨与纽霍尔的作品，以便基于摄影的形式特征为摄影媒介赢得自主权——尽管它理应归于那种传统。[14] 正如纽霍尔在为摄影这一媒介构建艺术史的过程中，兼具了摄影师的实践意识与一定的人文素养一样，约翰·沙考斯基也力图纠正摄影师对艺术博物馆的偏见，特别是对纽约现代艺术博物馆，爱德华·斯泰肯（Edward Steichen）也曾为扭转人们对这座博物馆的看法，想出了一条更加社会化的途径。在追求这种愿景的过程中，《摄影师之眼》是在施蒂格里茨、韦斯顿与怀特共同推动下产生的一个成熟成果，它清楚地阐述了以摄影**修辞学**及摄影**语言**来反映世界现象的一种手法——“由眼中所见来表达心中所想”。对沙考斯基来说，出于对摄影界保持沉默的传统的一种有目共睹的尊重，这种评论摄影的欲望有所缓解，这种观点或多或少与“稚拙派”和之后的“纪实派”艺术家是一致的，包括从奥沙利文、阿杰到沃克· 埃文斯、罗伯特·弗兰克、加里·温诺格兰德（Gary Winogrand）

或是黛安·阿勃丝等，最后两位摄影师参加了“新纪实”（New Documents）摄影展。毫无疑问的是，沙考斯基所奉的信条旨在协调摄影揭露现象世界的能力与摄影师的表达意愿之间的矛盾；作为他在纽约现代艺术博物馆的最后一场展出，“镜子与窗户”（Mirrors and Windows，1978）聚焦于这种辩证逻辑，从而也强调了在公众眼里，相机中的世界就如同摄影师“举着一面镜子”，但其实映射出的却是摄影师自己，而不是自然景物。

在20世纪70年代的欧洲，有针对性的评论文章与一些发行、出售“严肃”摄影作品的出版行业和公共机构销售点的出现受到了这种美国传统的影响，摄影师与摄影团体自身的努力同样也推动了上述现象的出现。例如，他们领导了《照相机》（*Camera*）、《摄影手册》（*Les Cahiers de la Photographie*）和《摄影师的诞生与历史》（*Rivista di critica e storia della fotografia*）等杂志。在20世纪80年代早期的法国，随着巴黎摄影月活动和几个大规模的公共机构或项目的出现，初步的摄影体制化也随之显现出来。这些机构中包括重新设计的奥赛博物馆（Musée d'Orsay），它从一开始便成为一个成熟的摄影展馆。新闻界、电视行业和出版业在传播摄影与摄影评论（摄影师或他人所著）方面日渐增长的兴趣，也反映了这种摄影体制化的趋势。例如，由阿涅斯·瓦尔达（Agnès Varda）制作，在法国第三频道播放的电视节目《一分钟一影像》[*Une Minute pour une Mage*，1983，在法国日报《解放报》（*Libération*）也设有相同标题的专栏]，还有其与《解放报》合作出版的《书写图像》（*Ecrit sur l'image*）系列丛书。《书写图像》系列的第一套丛书是雷蒙·德帕东（Raymond Depardon，就职于马格南图片社）创作的《纽约来信》（*Correspondance newyorkaise*，出版于1981

（对页）图 61
雷蒙·德帕东 / 阿兰·贝加拉（Alain Bergala）创作的《纽约来信》的封面（巴黎，1981 年）。

年，说明文字由阿兰 · 贝加拉提供），以及索菲 · 卡莱作品《请跟随我》（*Suite vénitienne*，1983年出版，说明文字由让 · 鲍德里亚提供）和《酒店》（*L'Hôtel*，1984年出版）。德帕东拍摄的照片和他写下的简短注解（没有完全遵从于"街头摄影"的传统）促进了极简抽象派艺术的发展，而阿兰 · 贝加拉将这种类型的艺术风格恰当地看作是对摄影师"缺失"的强调，相反，卡莱却将她的"系列作品"（指叙事、音乐序列和酒店套房）当作一种为自我表现或为满足自我虚构化而创作的叙事的、虚构的作品，或更确切地说，是满足自我虚构化的作品（鲍德里亚翻译了《请跟随我》）。

这个例子清楚地表明，在20世纪晚期，摄影师仿照韦斯顿或怀特所运用的修辞与美学表现手法并不是其将摄影转化为文学的唯一手段。在这一年轻媒介从之前其傲慢的伙伴（文学）身上所继承和借鉴的诸多模式中，就包括记叙文、小说和诗歌。叙事摄影作品和摄影展览在19世纪就已经非常流行了，在这个时期，也出版了许多不同模式的叙事性摄影合集（特别是我们在第二章讨论过的影集），人们后来对它们正式的艺术特性更是赞赏有加。同样是在这个时期，一些流行的摄影模式如立体照片，通常会采用图片的画幅、主题和其反映的故事来划分类型。追随贝亚尔和其他人的摄影模式，即用摄影来叙事，这种对摄影的开发利用一般都会同虚构的框架结合起来，特别是将摄影赋予寓言及启迪人心的意义，在"娱乐"风格的摄影中，同样也会用到这种手法。[15] 众所周知，摄影寓言在19世纪50年代至70年代的英国特别流行，据说，维多利亚女王也非常喜欢亨利 · 皮奇 · 鲁宾逊（Henry P. Robinson）和奥斯卡 · 雷兰德的叙事性复合艺术画作。正如米歇尔 · 福柯（Michel Foucault）在20世纪70年代所说的那样，在19世纪

60年代，在这些娱乐派摄影师的带领下，摄影界已经开创了一个“丰富的娱乐空间”，在这个广阔的空间里，摄影师们给摄影——这种明显的非实体艺术，带来了逼真性和真实性，他们也因此开始在真实与虚拟的边界徘徊。[16] 这场“摄影游戏”在强化灵魂摄影方面，拥有了越来越多的病态的、滥用的“玩家”（摄影师），[17] 特别是弗雷德·霍兰德·戴（Fred Holland Day），他的一系列基督装扮的照片，更是将这场“摄影游戏”带到了一个诗意和修辞的高峰。这场“摄影游戏”有着忠诚的实践者，那些摄影师认为，拍摄照片的过程其实就是编排场景元素的过程，有时，甚至到了为了拍摄而去创造场景的程度。此后，时尚和广告摄影连同蒙太奇式集锦摄影中得到实践的宣传一起构成了摄影小说的主要路线。

此外，更为醒目、也更具影响力的摄影虚构化模式在1970年以后却有被归类的趋向，由于这类摄影师在他们整个系列的作品中表达了对“摄影是现实世界的影像”这一说法甚至对表现整体上的怀疑，所以这类摄影师通常被归为后现代主义流派。其中几位新的画意摄影师经常被作为19世纪的插图画家提及，然而他们成为艺术家更多地是以其摄影师的成就。他们推动了摄影叙事化和摄影构图技巧的发展，突破了一切可认知的“现实主义”的束缚。因此，在数码摄影开始盛行之前的十年或二十年里，摄影通过与叙事、表演或伪装手法的结合，改变了它的发展方向。正如迈尔斯·奥维尔（Miles Orvell）所说的那样，到了20世纪70年代，“虚拟摄影实践在美国艺术摄影界即使说不是主导的力量，也算是一支实力强劲的队伍。”[18] 1970年以后的摄影活动和叙事摄影是摄影师自身及其故事和摄影团体的展示，或更确切地说，是一种基于上述题材的创作[杜安·迈克尔斯（Duane Michals）和辛迪·舍曼或许是这方

图 62

亨利·皮奇·鲁宾逊，《画家，风俗画场景》（*The Painter, a Genre Scene*），1859 年，蛋白照片。

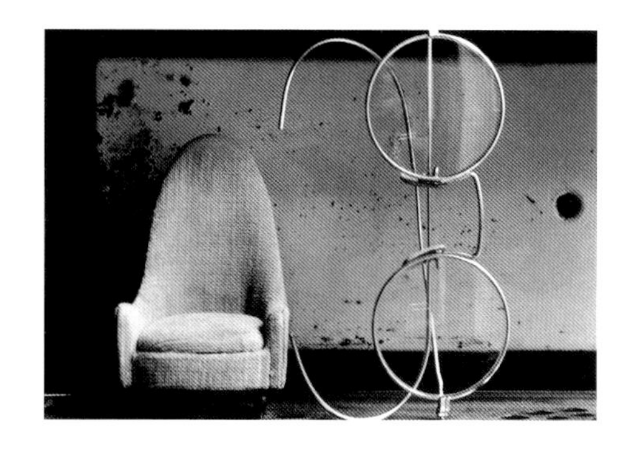

面最好的例子]。早在1976年，犀利的摄影评论家A.D.柯曼（A. D. Coleman）发现，现代摄影的“导演模型”与过去画意派摄影的某些特点有些相似。[19]

之后的叙事性和戏剧性摄影作品作为一种新形式将会逐渐取代更为传统的自画像，这些作品通常含有多元的与（或）连续的图像，以此来构成各种各样的摄影自传，而这些自传作品通常与摄影师的身份、家族史、性别角色、种族和性别认知，或社会弊病有关[大卫·霍克尼（David Hockney）、艾尔维·吉贝尔（Hervé Guibert）、南·戈尔丁（Nan Goldin）、弗朗西斯卡·伍德曼（Francesca

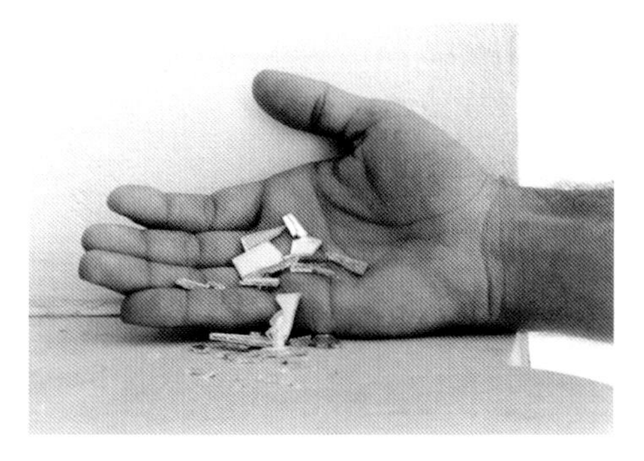

图 63

杜安·迈克尔斯，《爱丽丝奇镜》（*Alice's Mirror*），1974 年，粘贴在硬纸板上的 7 张系列明胶银盐照片。

Woodman）与卡丽·梅·维姆斯（Carrie Mae Weems）等人都曾创作过这类相关主题的作品]。其他虚拟摄影专家强调摄影师不是照片中的人物角色，而是作为摄影的导演、设计师或准画家[比如伯纳德·弗孔（Bernard Faucon）]，他们经常将摄影实践与概念主义、多媒体应用或绘画联系起来[比如克里斯蒂安·波尔坦斯基（Christian Boltanski）和伊丽莎白·伦纳德（Elizabeth Lennard）]。这形成了哈洛德·罗森伯格（Harold Rosenberg）所称的艺术的"去神秘化"进程的一部分，它们的文化模式既体现了文学性，又体现了画意性。乔尔–彼得·威特金（Joel-Peter Witkin）以奇形怪状或超大尺寸的玩偶[正如汉斯·贝尔默（Hans Bellmer）在20世纪30年代所做的那样]或在宗教和情色气息弥漫的背景中，与摆着各种造型、戴着面具的裸体演员进行艺术创作。他通过创作这些完全虚构、令人深感不安的影像，公然颠覆了维多利亚时代寓言话语的教化性质。稍微晚些时候，杰夫·沃尔（Jeff Wall）的艺术创作也与19世纪的绘画有些类似，他设计了一些大型作品，或许没有过分夸张的戏剧风格，但暗指沉默、无益于教化的叙事主题，有时具有明显的文学性，然而，其在拉尔夫·埃里森（Ralph Ellison）出版《隐形人》（*Invisible Man*）之后不再为其照片进行文字说明了。因此，人们关注的重点从摄影通过文字或图像的表达转向在这一摄影"艺术"或行为中**做**了什么、**发生**了什么或**产生**了什么，这可以解释为摄影师在摄影中的具体存在或他/她在摄影中的黯然失色，无论是否出于自愿。尤其，这种故意为之的**沉默**现在被称作一种摄影美德，这种影像诉诸的意义没有被公开谈及或发表（比如南·戈尔丁的"隐私"日记）。尽管1970年以后的许多创意摄影包括了各种各样的叙事，大部分摄影叙事试图避免文字形式，而更普遍地以任何主导叙事（尤其书面

图 64

伊丽莎白·伦纳德，《马曼、巴比和贝莱》（*Maman, Baby, Belley*），1996 年，明胶银盐黑白照片，采用了油画颜料和石墨。

形式的）中（后现代）研究对象在不完整性、去中心化和信仰缺失方面经历的记录来代替19世纪的“连通性”理念和叙事。[20]

在21世纪初，先锋派摄影已经远远地抛开了19世纪的摄影理念，那些曾经被视为修辞大师的富有创意的摄影师所采用的行为失范的摄影模式，现在已经完全过时了。像施蒂格里茨或卡蒂埃–布列松那样对形式化“平衡”的追求已经很大程度上被淡化了，并且摄影师话语已经放弃了象征主义的姿态。伟大的摄影师或许的确有发言权，但他/她上升至文化明星身份后使这种发言很大程度上无关痛痒甚至是多余的，或者仅仅是一种对体制要求的妥协，例如辛迪·舍曼2001年发表作品《回顾》（*Retrospective*）时的情况。舍曼的作品也证实，人们以前对这种“密集的”听上去文学化的插图说明的品位在许多现代艺术作品中已经被普遍的“无题的”标记所取代。当今，演说和评论的功能移交给了伟大的摄影插画家，例如航拍摄影师亚恩·阿蒂斯–贝特朗（Yann Arthus-Bertrand），他实际上已经取代了一个世纪前儒勒·凡尔纳等流行作家的地位。数码摄影，其除了毁誉参半之外，同时也帮助根除了巴特1980年坚守的旧的现实主义信条；而明信片正逐步被电子邮件附件和文件共享的网站所取代，虚构作品现在已经被普遍认为是摄影的一个标准领域，从安德烈亚斯·古尔斯基（Andreas Gursky）到20世纪初盛行的“博客空间”都体现了这点。值得注意的是，苏珊·桑塔格在她的最后一本书《旁观他人之痛苦》（*Regarding the Pain of Others*, 2004）中承认，她将后现代主义的怀疑论融入到了她窥探战争的评论中，同时呼吁伟大的现代主义艺术家——弗吉尼亚·伍尔芙——作为摄影操纵力量的见证。让·鲍德里亚的职业生涯表明，对拟像（simulacra）的后现代主义批

图 65
杰夫·沃尔，继拉尔夫·埃里森出版《隐形人》之后，《序诗》（*The Prologue*），1999—2000 年，置于灯箱上的正片。

判已经融入了表演性、戏剧性或模仿性的做法，这些被理解为反对视觉艺术和学术话语中“千篇一律”的武器。与此同时，以前的“纪实”摄影师，如马丁·帕尔，得以在尝试激进实验的同时，也在一些主流媒体、博物馆以及公司战略层面发表一些较为温和版本的作品，这使后现代主义摄影也能被普通文化水平的观众理解和接受。尽管摄影的许多传统社会用途似乎并未改变，但摄影作为一种媒介的历史选择——取代文学或是成为一种新的文学——尤其考虑到文学自身主动与摄影的联姻，在本书最后一章中将会介绍，摄影的定位似乎倾向于第二种选择。

第五章

文学摄影

人的外表反映了其内在，面孔与表情揭示了其整体的性格，推定一个人是什么样子往往可能就是采用这种方法，所以我们可以放心地据此对一个人进行推断。事实证明，人们总是急于看到那些出名的人，无论他们是因善还是因恶，或是因为创作了非凡的著作而使自己成了名人。如果人们看不到他，也不能通过任何其他方式从别人那儿听闻他的长相如何，人们就去那些他们期望有令他们感兴趣的人的地方。媒体，特别是在英国，努力对他的外貌给出了细致、引人瞩目的描述；画家和雕刻家们也总是不失时机地把他们的样子呈现在我们面前；最后说到摄影，正是由于其备受推崇的缘故，它充分地满足着我们的好奇心。

——亚瑟·叔本华（Arthur Schopenhauer），《面相学》（*physiognomy*），1851 年[1]

（对页）图 66

佚名艺术家，《弗雷德里克·道格拉斯的肖像》（*Portrait of Frederick Douglass*），1856 年，安布罗式摄影法。

文学回应摄影的历史可以被认为是一段“探索”的历史，正如我在第三章所提到的那样。然而，这一主题更为广泛，并且自 19 世纪 80 年代以来，越来越多的选集和专著对文学与摄影、视觉之间的实际关系做了细致的研究。虽然常常受限于国家的种种限制，但这些研究丰富了我们对取代历史上那些往往没有进展、仅作装饰用的观点的理解——用简·拉布的话来说，这是文学与摄影之间“互动”的一段历史。[2]

保罗·瓦莱里在1939年提出，摄影与“描述性体裁”的相伴而生，正如同现实主义小说与摄影对现实的建构之间的认知联系。卡罗尔·阿姆斯特朗（Carol Armstrong）表示，维多利亚时代和现代英国小说整体上均弥漫着一种大众视觉到来的味道，而詹妮弗·格林－里维斯（Jennifer Green-Lewis）则在摄影与维多利亚时代对于浪漫主义和现实主义的选择之间假定了一种更广阔的协同效应。[3]卡罗尔·施洛斯（Carol Shloss）早些时候曾展示过一位杰出的美国作家如何将光学、摄影试验融合进小说的基本主题和创作模式。[4]在法国，菲利普·奥特尔声称，摄影通过创建一个新的“框架”，决定了文学领域里一场“看不见的革命”，无论公开承认与否，这一“框架”冲击了小说的规范、主题和功能；他指出，在19世纪摄影“无处不在，却又无影无形”，这意味着无论作家是否正式公开提出关于摄影方面的观点，他们的作品却因摄影的无处不在而受到影响。[5]相反，杰罗姆·斯洛特（Jérôme Thélot）则声称，文学在摄影“发明”中扮演了一个至关重要的角色，将其写进小说或诗歌，从而为其“赋予了意义”。[6]我在本章中所采用的研究方法具有更大的局限性，但同时也更广阔。说其具有更大的局限性是指，虽然它们能够反映、体现、记录或解构照片的社会影响或诗意力量，但我并不试图对各种范围领域的现代文学实践都进行描述，而是仅仅聚焦于文学和作家通过摄影进行的描绘与呈现。说其更广阔，是指我试图在本书最后一章结束在前几章中开启的一个讨论，即关于文学与摄影之间文化功能的大规模重组。正如我们将看到的，自20世纪末期以后，摄影作品的矫

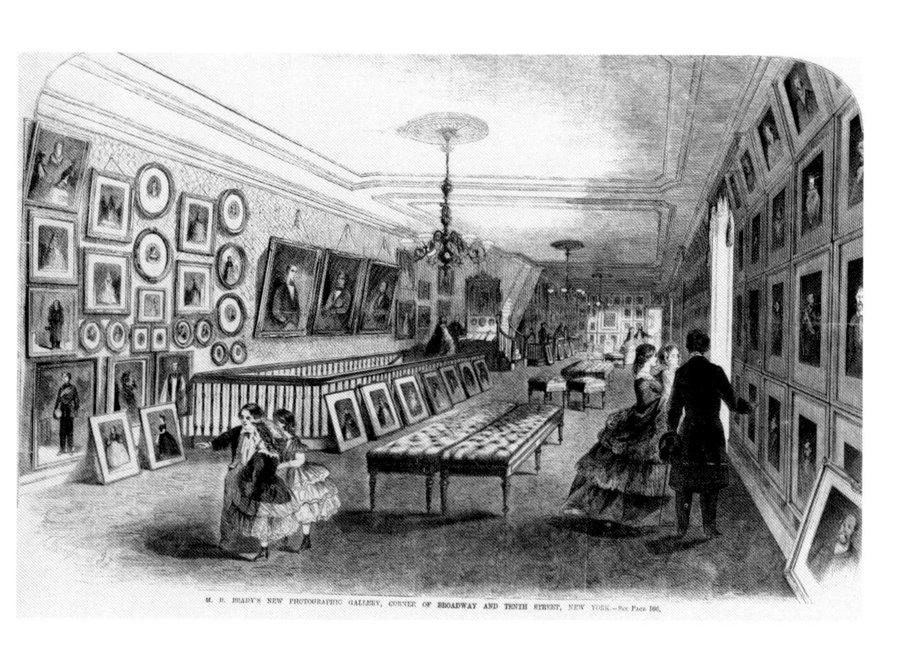

图 67
贝尔格豪斯(Berghaus),《M. B. 布雷迪的新摄影画廊》,选自《弗兰克·莱斯利画报》(*Frank Leslie's Illustrated Newspaper*),雕版印刷,制作于 1861 年 1 月 5 日。

揉造作和言而不实正被摄影的文学倾向逐步取而代之；或许，现代时期的主要成就就是这两种媒介的成功结合吧。

摄影的出现，绝不能被单纯地视为文学发展过程中的一个外部或者迟来的产物，即使前期两者相互独立，到 1840 年，两者关系才得到巩固；相反，从社会历史学角度来看，将作者身份视为一种文化价值的这一时尚反映出，摄影的发明与文学作为一种商品和现代文化语言，很大程度上来说是同时发生的。如果摄影很大程度地导致了出版的扩大化和私人信息可视化趋势，那么 19 世纪中期以来，作家的文化和商业价值的出现在他（她）的公众形象传播的基础上得到了特别大的发展。作家肖像画在（雕版）插画时代的大规模传播及其后名片格式肖像对这一潮流的发展起到了重要作用。因此，19 世纪 40 年代到 20 世纪这段时期的作家（和艺术家们），以不同的反应，通过摄影和雕版印刷相对突然地见识到了他们自己的容貌体态。这种新的社会传播方式与布雷迪或纳达尔这些自诩为摄影历史学家的公众人物开办较大的视觉画廊形成合流，或者摆放在了如迪斯德里的公司里用于观看和收藏。

说起摄影，我想谈谈所谓的文学"矛盾"现象，以此来提醒许多作家，他们的行为之所以谨慎不仅是出于对他们自己照片的不满，更多的是针对要求公开他们相貌的压力而做出的政治反应。赫尔曼·梅尔维尔（Herman Melville）就是一个很好的例子，在他的《皮埃尔》（*Pierre*）或《模棱两可》（*The Ambiguities*）中，书中主角正如梅尔维尔自己所做的那样，拒绝了出版商出版自己肖像的请求，正是出于这一高贵的品位："此外，如果每个人都出版自己的肖像，你和他们真正的区别就在于你绝对不会出版你自己的。"[7] 弗雷德里克·道格拉斯（Frederick Douglass）早些时候就敏锐地意识到，出版一张他本人很有魅力的形象照片是权宜之计，他在1861年一次关于"照片和进步"的讲座上振奋地说道：

> 当今社会一个人在不表明自己显赫身份的前提下出版一本书，或是兜售一种专利药品，会因其行事谦逊而获得赞誉，这就将绘画的不可预测性和图像力量这对孪生问题联系了起来。无论是英俊还是平凡，具有男子气概还是卑微低劣，如果作者的面相具有一定的魅力，那他的照片就应该出现在书里面，否则该书就被认为是不完整的。[8]

虽然艾米丽·狄金森（Emily Dickinson）收集了许多自己同行作家的照片，却拒绝提供给出版商她自己的肖像照片，并公然对肖像照片能充分展示作者的"内在"这一广为接受的观点进行了抨击。[9] 简·拉布提到，约翰·拉斯金经常抱怨自己总是被拍照，即便给他拍照的人是他牛津大学的同事和好朋友刘易斯·卡罗尔。[10]虽然热拉尔·德·内瓦尔（Gérard de Nerval）在他1843年的东方之旅时尝试过银版摄影法，但他仍对摄影肖像持怀疑态度。在他自杀前不久，他曾要求将自己的一张不光彩的银版肖像照片作为死后的肖像，并献给纳达尔一首关于金属转化的诗歌，金属转化实际上是为了警示现代工程师不要“误用”工业材料。[11]一直以来，福楼拜拒绝被拍照。然而，有些作家，例如霍桑，就自愿提供自己的肖像。似乎大多数人都因提供肖像画而承受着一种紧张，像海伦·格罗思（Helen Groth）在英国维多利亚时代的诗歌里记录的那样：一方面，他们对“大批量影印给人造成的疏远感”和“他们名字、面貌以及生活的商品化”感到震惊；另一方面，他们又不可避免地陷入了“通过拍照而满足那些宣传机器的胃口”之中。[12]

然而，一些对自我偶像化和公开化持接受态度的作家，积极地参与了肖像的制作和流通，从而为当前进行中的文学公共角色的重新定义——甚至为将文学的地位提升到一种新的信仰的高度——心甘情愿地贡献自己的肖像。两个典型的例子就是法国诗人维克多·雨果和美国诗人沃尔特·惠特曼（Walt Whitman），他们几乎处于同一时期，在多方面有着类似。

在拿破仑三世夺取政权并恢复帝国后，维克多·雨果这位已经成为全国公众人物和共和党象征的法国诗人流亡到了海峡群岛，他和他的家人，尤其是他的儿子查尔斯（Charles）开始从事摄影行业。在接下来的十年中，他们在摄影方面投入了大量的精力。

查尔斯·雨果（Charles Hugo）和他的合伙人奥古斯特·瓦格里（Auguste Vacquerie）拍摄了泽西岛上的景色、家庭以及生活情景，不仅在肖像画里，而且在其精心设计的作品里反复地讴歌雨果这位伟大的作家，这样说并不夸张，也不是故作陈词滥调，正如多个版本的“岩石流放者”中所描述的，他以一个孤独的浪漫主义者的姿态面朝大海，使自己像寓言故事一样永垂千古。史诗英雄是抵抗暴政和平庸的，而且作为新兴的被杰罗姆·斯洛特称之为“雨果宗教”的掌门人，这位诗人在这些具有高度自我意识的照片中，明确地将文学、自由和进步联系了起来。[13] 在那之前，雨果一直对摄影颇为谨慎，而现在则相信“与太阳合作”发起的一场“摄影革命”。谁又敢叫嚣太阳是错误的呢？1853 年，他给福楼拜写了一封信，并随信附上了一幅他自己的肖像。自 1999 年在奥赛博物馆举办的一次重要展览以后，雨果在泽西岛 [1855 年以后在格恩西岛（Guernsey）] 逗留期间（一天内）拍摄的数百张照片被广泛知晓。简·拉布写道：“对于 19 世纪的任何作家而言，这堪称最密集的摄影记录。”[14] 这一记录，鉴于其高度戏剧化的维度，“几乎可以称之为集体主义自传体小说的加工厂”。[15] 很多证据表明，这些照片最初是打算用作雨果众多文学项目的插图，那时雨果正在泽西岛疯狂地进行创造性的工作，而那张流亡场景的照片至少被用于 5 种典藏版雨果的诗意自传《静观集》（*Contemplations*，1856）。类似项目也曾被如此设想，但最终因缺乏资金而中止。[16] 虽然他们那一时代文学作品的传播仅限于朋友和巴黎的文人，这些投机者不仅果断地开创了对作者形象的推广使用 [这在泽西岛摄影的案例里仍是一个一厢情愿的想法，正如杰罗姆·斯洛特所言，雨果是梦想着“传播这种传播方式（的思想）”，而不是在现实中那样去做]，而且作为一种文化力量，文学摄影将诗歌和科学结合了起来，共同服务于人类的解放。

1855 年，正当雨果忙于出版《静观集》之际，《草叶集》（*Leaves of Grass*）在纽约首次出版，书中以一幅雕版卷

图 68
查尔斯·雨果，奥古斯特·瓦格里，《流放于岩石上的维克多·雨果》（*Victor Hugo on the Rock of the Exiles*），1853 年，银盐纸基照片。

首图片代替了作者签名，该图为身穿"波西米亚"风格服装的沃尔特·惠特曼全身像，拍摄作者是加布里埃尔·哈里森（Gabriel Harrison），这与通常较为传统的半身像风格形成鲜明对照。这幅图像将确立美国诗人的形象，并至少在美国"垮掉的一代"中产生了反响。这是惠特曼首次选用的卷首插图，也是在众多肖像照片（大约 100 多幅）中让他成为那个世纪出镜率最高并最"上相"的主要作家的一幅。[17] 作为纽约一名年轻的记者，沃尔特·惠特曼曾多次描述了他访问摄影师画廊的经历，在那里他常常对那些展出的肖像产生沉思——"这是一个全新的世界——一个肖像的世界，尽管如坟墓般沉寂，却诉说着千万个人类历史的故事。"[18] 尤其在美国内战时期，惠特曼事实上一直跟踪着摄影的最新状态，摄影不仅是通俗浪漫小说的源泉，

（右上）图 69
加布里埃尔·哈里森，《身穿农村服饰的沃尔特·惠特曼》，1854 年；《草叶集》（纽约布鲁克林，1855）卷首图片，铁版雕版印刷。惠特曼 1855 年于照片上署名。

（上）图 70
菲利普斯、泰勒（Phillips & Taylor），《手中捏住一只蝴蝶的沃尔特·惠特曼》（*Walt Whitman Holding a Butterfly*），1873 年，惠特曼签名的蛋白照片。

也能从中获得各种信息。但根据摄影的修辞和政治功能，他首先将其视为一种文学寓言。他的几部诗作都直接证明了他想将摄影模仿成一种公平、民主和典型的美国艺术（如拉布所说），他晚年时候创作的一首著名的诗歌《面具之后》（*Out from behind this mask*，1876），即意在“直面我的肖像”（作者处于一个美国内战的哀伤者的视角），并为读者—观众“展示……一种哀伤者的面容”。比起雨果，惠特曼更能持久由衷地钟情于摄影这一媒介在获取和扩散他自己的照片方面的便利（他小心地保存着自己的这些照片，现在它们成了大众喜爱的收藏品），以及其通过寓言这一媒介获得并传播文学的照片，启蒙并救赎这个世界。

尽管后来人们对摄影这样的使命颇具争议，这场在

图 71
谢尔盖·米哈伊洛维奇·普罗库丁-古斯基（Sergei Mikhailovich Prokudin-Gorskii），《列夫·托尔斯泰在亚斯纳亚·波利亚纳庄园》（*Leo Tolstoy at Yasnaya Polyana*），1908 年，影集中的明胶银盐照片。

雨果死后被夸大了的雨果"革命"——即雨果变身为全民族普遍接受的英雄形象——在他的许多继任者身上留下了印记。之后在 19 世纪，像托马斯·哈代、埃米尔·左拉、奥斯卡·王尔德（Oscar Wilde，今天被视为"自创性"的先驱人物）[19] 或者列夫·托尔斯泰（"俄罗斯当时出镜率最高的人之一"）[20] 这些作家，均通过参与自己肖像作品的协调制作及出版来表达他们对自己肖像作品的关注。甚至一些被证实有摄影恐惧症的作家，私下里沉溺于自己的摄影造型布置，如埃德加·德加（Edgar Degas）著名的斯特凡·马

图 72
埃德加·德加，《雷诺阿和马拉美》，1895 年。

拉美（Stéphane Mallarmé）肖像画的创作过程。[马拉美在奥古斯特·雷诺阿（Auguste Renoir，马拉美的一位艺术家朋友）的陪伴下坐在镜子前，根据斯洛特所说，马拉美早先经历的那次持续很久的“危机”已经使他将摄影与阴魂不散的虚无体验联系了起来，雷诺阿和德加、马奈（Manet）一起用照片和马拉美自己的画像稳定着他的情绪，以完成整个画作的创作。][21]

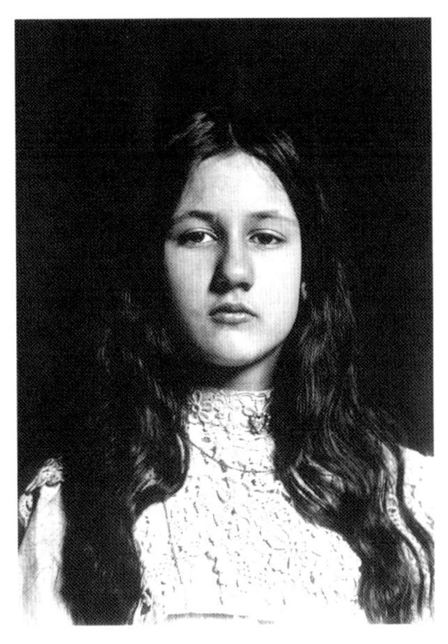

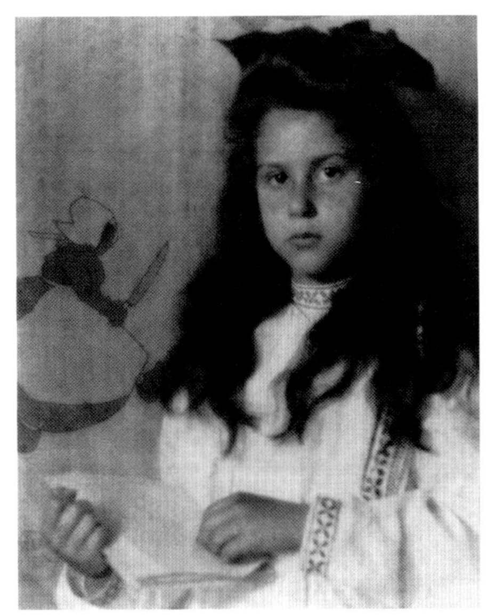

（上）图 73
埃米尔·左拉，《身穿白色蕾丝连衣裙的丹尼丝的肖像》（*Portrait of Denise in a White Lace Dress*），1900 年至 1902 年之间，银盐照片。

（右上）图 74
阿尔弗雷德·施蒂格里茨，《凯瑟琳》（*Katherine*），1905 年，照相凹版印刷品，刊登于《摄影作品》第 12 期（1905 年 10 月）。

1880 年以后，业余摄影领域有了长足的发展，这吸引了一些作家和文人的眼球，虽然他们中的许多人还是遵循早期谨慎行事的模式，将他们的摄影实践视为一件私事。左拉，一位自然主义的拥护者，曾经宣称摄影是文学“再现”的一个典范，其写作技巧充满了实验观察的逻辑，他在 19 世纪 80 年代末期开始从事摄影工作后，便基本停止了写作。[22] 虽然他运用专业的设备从容谨慎地进行颇为“严肃”的摄影实践，但他的摄影实践仍可视为与其小说创作的系统原则是吻合的，早期他与揭露自己大部分公共生活的社会不公之间大规模对抗，后逐渐淡出了摄影生涯，流传至今的摄影作品主要属于私人的，很大程度上被视为一种私密的、富有情感的影像，是典型的画意摄影风格。左拉拍摄的他女儿的照片让人回想起阿尔弗雷德·施蒂格里茨拍摄的凯瑟琳的肖像。

PARIS
ZOLA
Émile Zola
ÉMILE ZOLA
HARPERS
1901

（对页）图 75
埃米尔·左拉，《埃米尔·左拉和父亲 1845 年在图书馆的肖像》（*Library with a Portrait of Emile Zola and his Father in 1845*），约 1900 年，银盐照片。

这位美国摄影师声称，在 19 世纪 90 年代，他之所以选择较为“通俗”的主题，是因为受了左拉小说的影响，这有点讽刺意味。同样，左拉对作家内在的想象（他的办公桌等），现在看来比起那些自我满足的自我表现，少了些超然的“观察”。在同一时期，美国贵族历史学家和小说家亨利·亚当斯（Henry Adams）和他的妻子玛丽安·克洛弗·亚当斯（Marian Clover Adams）在拍摄和评论他们自己拍摄的照片上投入了大量的时间和精力，这一时期从 1873 年他们的蜜月开始一直持续到 1883 年玛丽安自杀，她服用了摄影用的氰化钾。亨利晚年又私底下开始从事摄影，他自始至终在其作品中对摄影持有谴责态度。[23] 20 世纪晚期，作家从事摄影创作已是司空见惯的事情，乔万尼·维尔加（Giovanni Verga）、萧伯纳、约翰·米林顿·辛格（J. M. Synge）或年轻一些的威廉·福克纳（William Faulkner）、杰西·康辛斯基（Jerzy Kozinsky）、理查德·怀特（Richard Wright）和米歇尔·图尼埃（Michel Tournier）等作家都进行了摄影创作。虽然大多数情况下，他们的这些摄影作品并不为人所知或者出名，直到 20 世纪 70 年代或 80 年代，这一状况才有了改观。例如尤多拉·韦尔蒂（Eudora Welty），她对外公开了自己拍摄的 19 世纪 30 年代美国南部乡村的照片，而在此之前，她在世人的眼里只是一位短篇小说家。[24]

如果说直到 1980 年前后，作家们的摄影实践，尤其在自我表现方面仍很大程度处于私密状态，他们的偶像化却持续整个 20 世纪。在 1900 年以后，现代主义作家马塞尔·普鲁斯特、埃兹拉·庞德（Ezra Pound）、詹姆斯·乔伊斯、伊塔洛·斯韦（Italo Svevo）和马克西姆·高尔基（Maxim Gorki），加上整个超现实主义团体，经常接受摄影师（现在很多都已经成了摄影艺术家）的拍摄，现身于他们越来

（对页）图 76
阿尔文·兰登·科伯恩、埃兹拉·庞德，《埃兹拉·庞德的抽象照片》（*Vortograph of Ezra Pound*），1917 年，明胶银盐照片。

越体现自我意识并且在工艺上大幅提高的肖像作品中［参阅曼·雷的《超现实相册》（*Album du Surréalisme*）］。许多 19 世纪 20 年代和 30 年代被收入标准历史纪念册中的经典影像包括曼·雷、亚历山大·罗钦科、罗伯特·卡帕、

图 77
吉塞尔·弗洛伊德，《手拿放大镜的詹姆斯·乔伊斯》（*James Joyce with a Magnifying Glass*），巴黎，1939 年，彩色照片。

图78
《在日本自卫队前的小说家三岛由纪夫》(*The novelist Yukio Mishima in front of the Japanese Self-Defence Forces*),东京,1970年11月。

吉塞尔·弗洛伊德、布拉塞和其他一些摄影师拍摄的作家的肖像作品。这些摄影师经常成为公众人物，有时也成为文学作品中的一个人物角色，比如布拉塞，他是亨利·米勒（Henry Miller）小说《北回归线》（*Tropic of Cancer*）中一个人物的原型。在20世纪40、50和60年代，安德烈·柯

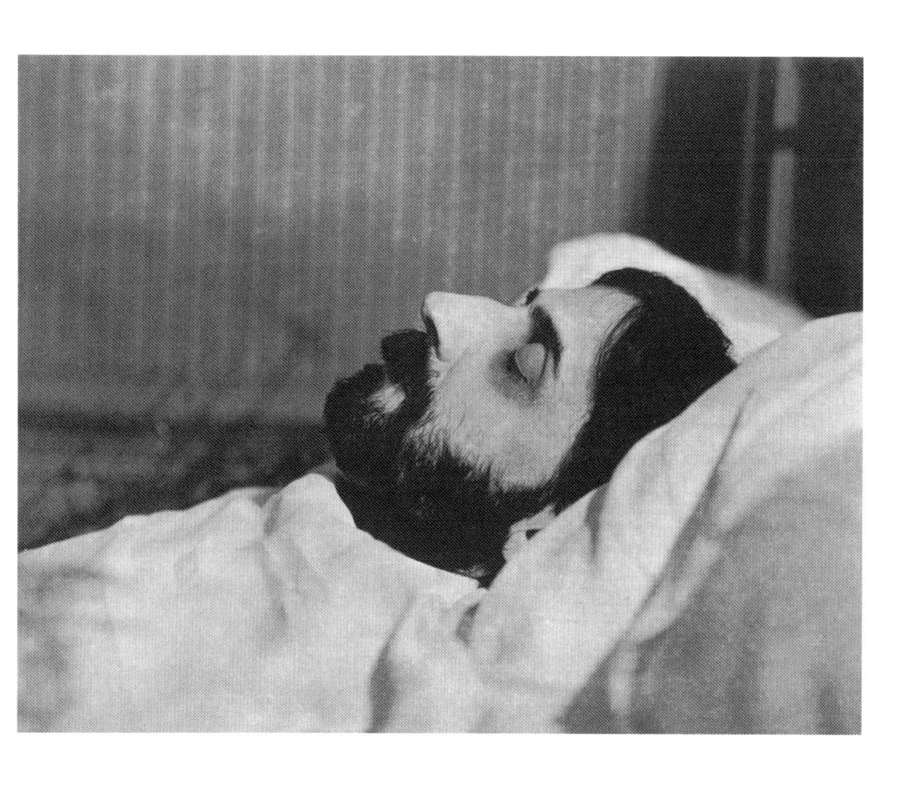

图 79
曼·雷，《弥留之际的马塞尔·普鲁斯特》(*Marcel Proust on his Death-Bed*)，1922 年，银盐照片。

特兹、亨利·卡蒂埃－布列松、优素福·卡什、理查德·阿维顿（Richard Avedon）和其他一些人确立了作家在摄影界的明星地位，正如杜鲁门·卡波特（Truman Capote）、欧内斯特·海明威（Ernest Hemingway）、让－保罗·萨特或日本的三岛由纪夫，他们均以不同的方式使用自己的照片进行宣传，作家的肖像或许得到了最大程度的呈现，且经常伴随着政治承诺和史诗般的成就。在“二战”后的几十年里，主流照片媒体通过经常性地聚焦于作家的肖像、内在，甚至他们的爱好或度假习惯等，极大地促成了作家们的偶像化。如今一个伟大的作家去世（例如曼·雷为弥留之际的普鲁斯特拍摄了照片），会被大张旗鼓地登上各大媒体的头版头条。

在同一时期，像纳达尔或布雷迪这些与伟大的文学家有着“历史”渊源的摄影师，他们早些时候的倾向呈现出一种更加明确的文化转向，因为有些摄影师变成了或逐渐被认为是资深的回忆录作家，吉塞尔·弗洛伊德的回忆录《与詹姆斯·乔伊斯相处的三天》（*Three Days with James Joyce*）和《我相机里的世界》（*The World in My Camera*）、布拉塞对刘易斯·卡罗尔和马塞尔·普鲁斯特的研究（其中对后者的研究在其死后出版）、理查德·阿维顿对作家肖像的评论等都是典型的例子。[25] 到了1970年，虽然作家的公众形象已经成为文学出版和社会新闻栏目的主题，许多“严肃派”作家仍继续秉承了狄金森和马拉美对摄影的抵制，他们拒绝参与任何形式的肖像摄影（或与出版社的交易）。其中有些作家［如朱利安·格拉克（Julien Gracq）、勒内·夏尔（René Char）和托马斯·品钦（Thomas Pynchon）］选择了完全退出公共领域，从而贯彻了保罗·维利里奥（Paul Virilio）所说的“消失的美学”的思想。[26] 其他一些作家则选择了一种更为模棱两可的立场，向公众提供了自己明显非传统、简单甚至略微粗糙的肖像照片。然而，摄影、文学、表演之间日渐融合，在这种情况下，如此这般的姿态相对而言就不那么重要了。

自19世纪以来，随着成像技术的发展，作者的脸部肖像就能显现他或她的工作状态，并且这一新兴摄影文学产业的一个较大分支经常陷于我们一直讨论的矛盾状态之中。无论是重温经典，还是着手具有独创性的新项目，摄影师和作家们在1900年以前都配合默契，当然主要限于英语出版物。一个很早的案例就是纳撒尼尔·霍桑。他是最早围绕摄影师来进行小说创作的重要作家之一（相关作品如《七角楼》）。在1860年，他又出版了原创力作《玉石

图 80

乔纳森·威廉姆斯（Jonathan Williams），《罗伯特·邓肯在旧金山》（*Robert Duncan in San Francisco*），1955 年。

图 81

朱莉亚·玛格丽特·卡梅隆,《莫德和门口的西番莲》(*Maud the Passion Flower at the Gate*),朱莉亚·玛格丽特·卡梅隆为丁尼生的诗歌《国王的田园生活》(伦敦,1875 年)制作的插图,蛋白照片。

人像》（*The Marble Faun*），他的最后一本主要著作，由陶赫尼茨公司出版的精装版本，附有57张蛋白印相商业旅游照片。[27] 一段时间以来，由于欧洲大陆的旅游图书市场以英语为主，德国出版商一直出版配有插图的英国和美国文学经典作品，并在1863年出版了乔治·艾略特（George Eliot）的小说《罗莫拉》（*Romola*）。霍桑的著作像旅游指南一样，成了意大利旅行方面的经典著作，到19世纪末期，他的书以其他几种插图版本再次出版。陶赫尼茨出版的丛书确立了一种更为开阔的出版模式，1860年后在英国一度非常盛行。几家摄影作品出版商，特别是乔治·华盛顿·威尔逊（George Washington Wilson）和弗朗西斯·弗里思专门创作插图版书籍，并举办像朗费罗（Longfellow）、沃尔特·斯科特、罗伯特·伯恩斯（Robert Burns），甚至威廉·华兹华斯（William Wordsworth）等诗人作品的朗诵会。正如我们在第二章中所见，弗里思从《埃及和巴勒斯坦摄影及描绘》（*Egypt and Palestine Photographed and Described*）开始，用摄影画册作为阐释摄影风格和作者身份的舞台；在1864年，弗里思和他的公司开创了《漫谈摄影师》系列丛书，并在其插图版朗费罗的《亥伯龙神》（*Hyperion*，1865）一书的序言中，有针对性地讨论了摄影与现代浪漫主义品位之间的关系。[28]

朱莉亚·玛格丽特·卡梅隆的摄影文学生涯，虽然处于同样的广义语境，却有着非常不同的文体脉络和志向。在1864年正式从事摄影时，朱莉亚便与英国的许多著名作家和文人结为亲密的合作伙伴，开始为丁尼生（Tennyson）的诗歌添加插图［尤其是《国王的田园生活》（*Idylls of the King*）］。当时人们认为卡梅隆尖锐的肖像作品对他们的摄影写实主义往往是一种诋毁，这对传奇式和想象中的主题来说是不恰当的。虽然她的文学事业在经济上一塌

图 82
朱莉亚·玛格丽特·卡梅隆，《丁尼生》，1865 年，复制于《生活》中的蛋白照片。

糊涂，近期评论家却对其反实证主义的灵性以及她为迎合丁尼生强烈的视觉想象而对光和影的创造性应用大加赞赏（这在她给丁尼生、托马斯·卡莱尔和约翰·赫歇尔拍摄的肖像中都有所体现）。[29] 同样，视觉想象、文学和摄影实验的结合也是刘易斯·卡罗尔作品的一个特色。刘易斯·卡罗尔是卡梅隆生活圈里的另一个熟悉的人物，在 19 世纪 60 年代，尽管这位逻辑学家一般不在他已经出版的著作中添加照片插图，尽管《爱丽丝漫游奇境记》（*Alice's Adventures in Wonderland*，1865）中的情节和插图更让人想起《大鼻子情圣》（*Cyrano de Bergerac*）中的"不切实际的设想"，而不是丁尼生和卡梅隆的现代亚瑟王的形象。卡罗尔在他的小说《非凡的摄影》（*Photography Extraordinary*，1855）中为摄影文学创造了一种乌托邦式的工艺，这种工艺通过一张虚拟的魔法纸张可以如诗人在他们脑海中暗示的那样，自动地打印出同一首诗的各种版本。[30]卡罗尔的虚构童话作品《爱丽丝漫游奇境记》、卡梅隆的亚瑟王形象和她的肖像作品，以及他们的圈子［就像他们的后继者，布鲁姆斯伯里团体（Bloomsbury）］均表明，摄影文学是可能并且确实是与审美相关联的——尽管当时的上流社会认为，这一项目是对文学的一种侮辱，有时他们这个团体自己的一些成员也存在这种想法。[31]

令人意想不到的是，乔吉斯·罗登巴赫（Georges Rodenbach）的《沉寂的布鲁日》（*Bruges-la-Morte*）成为第一本附有摄影插图的小说。这部小说在1892年首次出版（书中附有凹版印刷图片，是基于摄影公司提供的照片正本印刷而来），书中对这座比利时城市充满哀伤之感的描述，使大家一直以来都认为这部小说对安德烈·布勒东、W. G. 塞堡德和川端康成等作家都产生了一定影响。[32]的确，在19世纪末20世纪初的法国，在大规模出版附有日光蚀刻照片的小说盛行一时，尤其是通俗类小说的狂热中，这本非凡力作具有里程碑意义。也正是这种狂热促使《文雅信使》（*Mercure de France*）杂志在1898年围绕"附有摄影插图的小说"这一主题在作家中发起了一场意见调查活动。[33]与塔尔博特的《自然的画笔》遥相呼应，《沉寂的布鲁日》是摄影插图媒介反思性研究的一个开端。正如保罗·爱德华兹（Paul Edwards）所说，摄影在此被理解

4 BRUGES-LA-MORTE

ladie. N'est-ce pas comme une pitié de la mort? Elle ruine tout, mais laisse intactes les chevelures. Les yeux, les lèvres, tout se brouille et s'effondre. Les cheveux ne se décolorent même pas. C'est en eux seuls qu'on se survit! Et maintenant, depuis les cinq années déjà, la tresse conservée de la morte n'avait guère pâli, malgré le sel de tant de larmes.

Le veuf, ce jour-là, revécut plus douloureusement tout son passé, à cause de ces temps gris de novembre où les cloches, dirait-on, sèment dans l'air des poussières de sons, la cendre morte des années.

Il se décida pourtant à sortir, non pour chercher au dehors quelque distraction obligée ou quelque remède à son mal. Il n'en voulait point essayer. Mais il aimait cheminer aux approches du soir et chercher des analogies à son deuil dans de solitaires canaux et d'ecclésiastiques quartiers.

1.

图 83
乔吉斯·罗登巴赫，《沉寂的布鲁日》(巴黎，1892 年）一书中展开的两页，半色调印刷。

成一种遗迹或文物的传播媒介，这种媒介可以用作对这座“沉睡之城”进行描述的理想工具，而这座城市本身则充当了寻求死去至亲的一个布景。事实上，罗登巴赫预见到了许多后来关于摄影与死亡之间联系的论述，这或许比安德烈·布勒东在《娜嘉》（1928）中对雅克－安德烈·伯法（Jacques-Andre Boiffard）、曼·雷等摄影师照片的“反描述性”应用更多。在这部基于原型的超现实主义小说中，布勒东将城市风景或人的面孔同时具备“客观”“中立”或反文学的图像以照片的形式呈现，并在照片上附有讲述者的反思，并署上名字，这些反思是讲述者在其寻找神秘的娜嘉的过程中对这些景象的独特视角。[34]《娜嘉》这部小说中包含了超现实主义者在摄影（与自动书写一样）[35] 中发现的一种鼓舞人心的力量，这可以说是一部具有划时代意义的小说，并且在法国，用照片代替文字描述至少已经被视为一大创新。

十年后，在其纪念演讲中，保罗·瓦莱里曾提出质疑，摄影是否有可能通过阻止人们对“摄影自动记录的事物进行描述”从而“限制了书写艺术的价值”；[36] 1940 年，法国摄影历史学家乔治·博托尼（Georges Potonniée）在其题为“摄影，一个文学过程”的章节里引用了这个演讲，其中他列出了“教学”和“娱乐”——特别是以电影“戏剧”的形式——作为忽视摄影使用的主要途径，在他看来，这注定会掩饰文字

图 84
《〈人道报〉书店》（*The bookstore of L'Humanité*），雅克－安德烈·伯法为安德烈·布勒东小说《娜嘉》（巴黎：伽利玛出版社，1928 年首次出版，1958 年再版）拍摄的照片，半色调印刷。

80 NADJA

il bien passer de si extraordinaire dans ces yeux ? Que s'y mire-t-il à la fois obscurément de détresse et lumineusement d'orgueil ? C'est aussi l'énigme que pose le début de confession que, sans m'en demander davantage, avec une confiance qui pourrait (ou bien qui ne pourrait ?) être mal placée elle me fait. A Lille, ville dont elle est originaire et qu'elle n'a quittée qu'il y a deux ou trois ans, elle a connu un étudiant qu'elle a peut-être aimé, et qui l'aimait. Un beau jour, elle s'est décidée à le quitter alors qu'il s'y attendait le moins, et cela « de peur de le gêner ». C'est alors qu'elle est venue à Paris, d'où elle lui a écrit à des intervalles de plus en plus longs sans jamais lui donner son adresse. Près d'un an plus tard, cependant, elle l'a rencontré à Paris même, ils ont été tous deux très surpris. Tout en lui prenant les mains, il n'a pu s'empêcher de lui dire combien il la trou-

Pl. 17. — La librairie de *l'Humanité*.
page 77

在“塑造一幅图像”方面的无力感。[37]然而，这种为著作附上“署名插图”的模式在布勒东之前就有人做过，如果说弗朗西斯·弗里思和朱莉亚·玛格丽特·卡梅隆不在其前的话，至少亨利·詹姆斯在这方面是早于布勒东的。在1904年，事实上，这只“老狮子”曾要求先锋派画意摄影师阿尔文·兰登·科伯恩为他“纽约”版的整部小说附上插图，这标志着摄影与严肃文学之间分工合作的一个重大转变。以前，詹姆斯并没有刻意隐瞒他对自己肖像的恐惧，以及对现代文学出版业为著作附插图这一信条的厌恶，他认为正是这个信条促成了文学的衰落。在1905年，对著名现代英语作家权威版本著作中的插图的系统引用，既顺应了出版行业的趋势，也是为作为文学姊妹艺术的摄影争取合法化地位的一个重要舞台。此外，也可以这样理解，这是一位文学的捍卫者在利用摄影这一后起之秀方面做的尝试。令人吃惊的是，本并不相信“艺术摄影”的詹姆斯，不仅在书中描述的主题方面对科伯恩提出要求，当然主要是基于整个“氛围”，而不是针对具体的描述细节，而且还要求这位他非常仰慕的摄影师去为这些插图寻找一个私人的独特“视角”；反之，科伯恩（其拍摄的亨利·詹姆斯的作品在今天并不被认为是他最好的作品）也对詹姆斯摄影风格的观察力做出了高度评价。[38]

在詹姆斯和布勒东这两个例子中，尽管存在明显的区别，但是事实上摄影已经被明确地以摄影的**名义**出现，而不仅仅是插图，这暗示了现代的合作已不再遵从“调查”结构或是让弗里思洋洋自得的摄影“漫谈”，并且这反映了与之类似的美学研究。在从纽约到伦敦、柏林、莫斯科的现代主义艺术家的圈子里，在达达主义和超现实主义的团体中，这样类似的事情到1930年几乎变得司空见惯，并且它们为第二章中讨论的摄影小品的兴起形成了一个审美语

图 85
阿尔文·兰登·科伯恩，《威廉姆斯堡大桥》，约1911年，凹版印刷于纽约(伦敦和纽约，1911年）。

境。从20世纪40年代到60年代，虽然纪实风格的摄影小品占据了摄影文学的主体地位（正如我们看到的，现在几乎与非摄影师作家的前言或评论系统地结合了起来），但是插图文学原先的非主流趋向仍然存在于这个时期，例如布勒东的《爱情傻人》（*L'Amour fou*，1937），以及雅克·普雷韦（Jacques Prévert）与伊齐（Izis）合著的《伦敦魅力》（*Charmes de Londres*，1952）。与此同时，作为一种文化和艺术力量，摄影越来越普及，这导致了无数经典作品的摄影重塑，有些成了摄影师自己的代表作。爱德华 · 韦斯顿为惠特曼的《草叶集》做的插图，以及 19 世纪 60 年代赫伯特 · W. 格里森（Herbert W. Gleason）为亨利 · 大卫 · 梭罗的旅游和自然历史作品所做的插图就是两个例子。而在 19 世纪 70 年代和 80 年代，出现了几次对普鲁斯特式景点和场景的摄影探索，尤其是让 – 弗朗索瓦 · 谢弗里耶（Jean–François Chevrier ）和泽维尔 · 布夏（ Xavier Bouchart）。[39] 虽然有些奇特，但莎拉 · 穆恩（Sarah Moon）的《小红斗篷》（*Little Red Riding Hood*, 1993）已经成为这个故事的一个广受欢迎的版本。在 21 世纪初期，传统的插图及正文并列排版的文学作品被文学杂志广泛采用，如《纽约客》（*New Yorker*）杂志中的“小说”专栏就是如此。尽管如此，自 1970 年以来，**插图**文学的概念逐渐衰退，而摄影影像则日益承担起**参与**或事实上具体**表达**文学项目的角色，这与许多创意摄影师在表演和小说方面的发展是一致的。早在 1961 年，罗兰 · 巴特就已经提到，现代的“**摄影信息**”已经不再对文本进行阐释说明，相反，是文本倾向于依据图像进行评论，或者说，文本已成了依附图像的“寄生虫”。[40]

广义上来说，文学与摄影在后现代时期关系的**解冻**或许在 W. G. 塞堡德的文学与批评作品中得到了最好的体现，但在此我们只能简要地提及，不再赘述。需要强调的是，至少在文学和文化先锋派的一同努力下，二者的关系很大程度上取得了两个方面的成功：一是在取代现实主义摄影与一种中立或不带任何个人感情色彩的存储装置之间的传统联系方面；二是至少将摄影深深地嵌入一种文学形式之中，这种文学形式是完全虚构的，但同时又具有明显的自传体形式。“类自传”是一种故事化自传体裁，经常配有图片，在1980年左右的法国逐渐被认可。这种向“类自传”的转变被**革新派**长篇小说作家[其中包括阿兰·罗伯·格里耶（Alain Robbe Grillet）和克劳德·西蒙（Claude Simon）]在他们的多部作品中予以宣告，并且巴特的《明室》也在某种程度上对其进行了阐释。[41]尽管属于不同的风格，塞堡德声称，在20世纪人类经历了灾难之后，对这一灾难的记录，同时以一种非说教的方式重建个人及公众的回忆来说是非常必要的。从克里斯蒂安·波尔坦斯基到莎莉·曼（Sally Mann）、南·戈尔丁、格哈德·里希特（Gerhard Richter）等，这些代表现代艺术摄影趋势的摄影家对此进行了有力的支持。在法国，“类自传”已经在文坛上和法国备受推崇的伽利玛（Gallimard）出版社占据了相当的地位。“类自传”的一个先驱人物是米歇尔·图尼埃，然而，他仍倾向于将这种题材局限于插图模式。法国摄影家、作家和批评家艾尔维·吉贝尔短暂的职业生涯可谓是一个决定性的阶段；他出版的第一部重要作品是《苏珊娜和路易斯》（*Suzanne et Louise*，1980），这是一部家庭叙事作品，书中附上了这位年轻的作家兼摄影师两位伯祖母的照片，以敷衍利用和重新定义“照片小说”这一流行体裁。次年，吉贝尔出版了一类名为“图片魅影”（L’Image fantôme）的文学自画像，充满了怀旧之情，是关于摄影和照片的回忆录文集，书中只有文字，没有附插图。他后期的作品（由伽利玛出版社出版）通常不包含照片，主要包括日记和一些体现其愈发痛苦的生活和罹患艾滋病的叙事。关于这些故事，他还用照片和电影进行了记录。一直以来，丹尼斯·罗什（Denis Roche）或阿历克斯·克莱奥·鲁博（Alix Cléo Roubaud）等作家摄影师创作的摄影叙事作品主要围绕着摄影师“缺席”或创造性弃权的主题。之前被视为低俗体裁形式的“照片小说”一直朝着高品位的方向发展，关于这一

图 86
艾尔维·吉贝尔，《无题》，20 世纪 80 年代，明胶银盐照片。

点，除了吉贝尔的例子以外，在伯诺瓦·彼得斯（Benoît Peeters）和玛丽-弗朗索瓦丝·普丽莎（Marie-Françoise Plissart）合作的作品中也有所体现。[42] 这些趋势为法国文学出版业中插图"类自传"的迅猛发展铺平了道路，尤其是女性作家[如安玛丽·格雷特（Annemarie Garat）、安妮·俄诺（Annie Ernaux）、克里斯蒂娜·安戈（Christine Angot）等]的自传。无论这一趋势看起来多么冗长，甚至烦琐，它与摄影在后现代主义时期的沉寂并不冲突：在许多"类自传"中，照片并不是用作相关照片文字记录中的插图，而是用作这一主题（即文本）分解过程的进一步证据，几乎是作为法理鉴定依据。

与此同时，在 20 世纪八九十年代，许多法国哲学家和文人开始关注图像的批评与历史[偶尔也会出版，如雷吉斯·德布雷（Régis Debray）亲自为其书籍附上插图]。

然而，社会学家和评论家让·鲍德里亚第一次进入公众视界是对时尚“体制”或目标进行揭露，后来他将对“现实消失”的评论与摄影和自传体出版物结合起来，从而结束了他多产的写作生涯，他不仅作为一名摄影家而为后人所知，还是一名富有影响力的摄影作家。[43] 虽然文学和摄影之间各种各样的结合促成了商业上的成功，也吸引了批评家们的关注，但是判定它们是否代表了一种持久的模式还为时过早，尤其网络文学的出现提供了可替代传统小说创作的另一模式，而这一模式更加激进。当然，博客空间为摄影“类自传”提供了一个更大的平台。然而，毫无疑问的是，在出版业市场不断变化的潮流背后，这样的一个全球转型已经明显地弱化了摄影与文学之间以前的那种疏远感。在21世纪早期，即便创意摄影基本上已经宣称放弃了其与文学修辞的象征主义联姻，比起以往任何时候，“自然的画笔”已然成为了作家们一个熟悉的工具。

American Art Since 1900

结束语

最后，我不禁为本书做这样一个大胆的结论：如果诗歌对于波德莱尔来说是一个对抗摄影和其他现代庸俗艺术形式入侵的避难所，那么在巴特、鲍德里亚、塞堡德和舍曼的时代，摄影已经成为一种新的文学灵感，抑或“驱逐文学话语”[1]背后的驱动力之一，也是评判其以前就该证实的现实世界的一个主要武器。毫无疑问，在21世纪初，基于之前摄影怪诞但又新奇的旧称谓——“光绘”，将摄影解释为“利用光进行的写作”已获得了认可。更重要的是，这种对现实的审美和认知的表征模式使得艺术的词汇学意义延伸为（历史、经济和社会方面的）创造力，并进一步推动了“数字契机”的到来。但是，这样清晰的结论未免太过简单，最后，我还想阐释一些方法学和历史学上的启示。

在序言中，我曾写道：本书的初衷是尝试从摄影的角度阐述观点，而不是理所当然地首先考虑文学和评估文学在“阐释”摄影方面的能力。我在第二章和第四章中已经对这一初衷做了详细解释，追溯了“严肃”或专注的摄影师创造适合其风格和自我表达的摄影方式，通常是照片文本作品。然而，正如我提示过的，要想支持摄影的立场并非易事，因为现在和以前一样，我们仍不能对摄影甚至摄影的相关应用领域做出清晰的界定。我维持我之前一本书中的

（对页）图 87
辛迪·舍曼，《无题电影剧照（13 号）》，1978 年，明胶银盐照片。

图 88
佚名摄影师，《身着盛装的年轻女性》，20 世纪 20 年代，影集中的明胶银盐照片。

观点，即一种整体式学习的理念或这一媒介的脱俗化。[2]摄影转向曲高和寡的状态恰恰是现代主义和后现代主义时期摄影的品位特征，被理解为对主观个体性经典的学术表达方式。然而，我并不认为这种转变已经普遍盛行于摄影和影像的各种实践活动中，也不认为所有的当代摄影都是具有文学性的。2000年的邮购目录和警方档案是否就比20世纪30年代和19世纪80年代的更具有文学性，这尚未可知。虽然未经充分研究，但在我看来，21世纪的业余摄影与1920年或1960年的相比，其文学性相差无几。当然可以说，第一次世界大战后的明信片通信、摄影比赛、插图日记等活动与现如今传播和评论图像的主要载体——电子邮件和博客经济之间存在着有趣的呼应。另外，对照片**说明文字**（尤其是业余摄影照片）的全面研究将很可能会大大激发摄影师的文学想象力和激情。在此，我必须承认我自身的局限性。鉴于本书旨在整合各家观点，而不是一个全新的调查研究，它倾向于认同那些已被接受的层次体系而非原创的摄影理论。本书中的许多观点有待于进一步创新性研究。尽管如此，我希望本书已经往正确的方向上迈出了一步，特别是其阐明了摄影师对文学的贡献，反驳了更为人熟知的摄影的文学化解释。另外，本书的国际维度也存在不足，仅尝试收集了欧洲和北美地区的一些案例，但未能考虑其他重要地区，尤其是亚洲和后殖民地区，而这对保证结论的普遍适应性是很有必要的。

另外，摄影的全球性地位变化这一概念，特别是其与文学的融合上，肯定会因其魅力程度而引发争议。理想状态下，我是想表明，已经发生了一种转变，致使之前不敢想象的摄影文学作品脱颖而出，如艾尔维·吉贝尔的作品，突出了摄影与我称之为“文学”这个广阔领域方方面面的密切联系，尤其在写作、叙事和小说创作方面。不过，在我看来，这种转变并不能将摄影史划分为两个或多个截然不同且互相对立的时代；换句话说，我不打算用历史相对论来研究摄影历史。像19世纪的专家那样，我有意识地对摄影与文学的早期“互动”进行了重点论述，后面大量的相关阐述也就顺理成章。但是这种行文结构也注定违背常理，照此推论，摄影只能是在它发展到更晚的阶段——也许是在20世纪初期、30年代或70年代才被真正“发掘”和“理解”的，在这之前的19世纪摄影一直被愚不可及地裹挟和利用，掩盖在实证主义、功利主义等令人不快的意识体系的监视之下。令我震惊的是，米歇尔·福柯，虽然毫无疑问他是一位密切关注摄影的专家，但他几乎从未提及摄影与这些意识体系的联系，只是在雷兰德和亨利·皮奇·鲁宾逊合著的作品中偶尔地评论过摄影的发展史，该合著被福柯看作是表达摄影自由和玩味摄影的实验品，促进了20世纪70年代虚构游戏的到来。[3] 同样更笼统地说，我认

为从20世纪末期从摄影发展中汲取的许多批评智慧，后来在小说中呈现出来，在摄影媒介发展的最初几十年里崭露头角，尤其是我们之前讨论过的伊斯特莱克夫人和奥利弗 · W.福尔摩斯写作的文章提供了这方面的证据。

毫无疑问，本书中福柯模型（Foucault’s model）所激发的意识转变与那些代表永恒的作品，以及与“期望”概念本身之间实际上是难以协调的。但是，继福柯的例子后，为了克服这个矛盾，我试图从社会话语交际及与其相伴的生产实践中寻求这种转变，去证明，尝试描述或设法掩饰，而不主要拘泥于“概念”或者说内容的层面。事实上，从福尔摩斯和伊斯特莱克夫人的作品中，甚至很大程度上从波德莱尔的作品中也可以看出，他们对摄影的文化知识贡献至少在20世纪30年代之前几乎是完全被忽略的。这一事实无疑限制了这些作品的历史意义，但是这并不意味着后来的革新会被看作“艺术创新”，也不意味着这些最初的主张仅仅是“期待”而已。在伊斯特莱克夫人或福尔摩斯、本雅明或更关键的巴特（作品）之间的碰撞中我们得知：一方面，让人欣慰的是一些伟大的文学思想对摄影得出了相近的结论；另一方面，坦率地说，产生并接受这些结论的各个领域已经发生转变，由边缘领域慢慢靠近学术、经济和（或）机构权力等核心地带。

再举一个对称的例子，单纯从摄影插图书籍的发展历程来看，霍桑的《玉石人像》、塔尔博特的《自然的画笔》与南 · 戈尔丁的《性依赖叙事曲》（*Ballad of Sexual Dependency*）、艾尔维 · 吉贝尔的《苏珊娜和路易斯》也许被认为是同属一种流派，所不同的主要是所采用的技术或文体。相比之下，大量的社会学（或福柯意义上的“考古学”）研究凸显出了出版商之间巨大的社会文化差距：如创建于1860年的陶赫尼茨出版社主要面向精英旅游市场，

（对页）图89
艾尔维 · 吉贝尔，《马修的来信》，20世纪80年代，明胶银盐照片。

图 90
伊波利特·贝亚尔，《闭着眼睛的自画像》（*Self-portrait with Closed Eyes*），约 1845 年，纸基底片的数字复制品。

而法国自1930年以来组织建构最完善、最受尊敬的文学出版社伽利玛将吉贝尔和其他一些摄影师作家收入其专属的“白色文集”（white collection）系列，这已经确实跨过了一道门槛。最后，虽然承认贝亚尔怪诞的自画像是最早出现的摄影小说（或者说其中之一）意味着承认了其特殊性，但是就此推断它们本质上类似于辛迪 · 舍曼的扮装像是不符合历史的（舍曼和贝亚尔都不愿公开演讲，这更让我们认识到就整体而言摄影师可能是蔑视语言的）。贝亚尔的照片在某种程度上是对制度不公的玩笑抗议，因而很大程度上是无人理睬的；而舍曼的《无题电影剧照》（摄影师自己从未认可这是自画像）出自高度成熟和统一的艺术系列，使她迅速获得了主要机构的认可。同其他文化领域一样，摄影的思想和实践历史必须一直携手共进。

然而，基于宏观的摄影理念，上述评论将得出一个完全可靠的结论：实际上有足够的证据已经表明，摄影和文学实践170年的积累已经迈向了特定方向，也见证了一些变化。首先，正如我在书中多个地方论证的那样，如果我们把（摄影和文学）两种媒介看作是一体的而不是对立的，那么二者的演化模式就会更加清晰可辨。换言之，如果我们不把这两种媒介的发展看作是孤立的或是相继而生——摄影继文学后生，是文学年轻的远方亲戚——而是宏观地定义为发生在同一历史时期内的现代主义，一种被整体浪漫主义抱负所激发的个人意识的解放运动，那么我们可以把所发生的事情更好地理解为文学对摄影日益增加的支持和拥护（反过来，摄影也汲取了越来越多的文学特性）。摄影的社会性、教育性和实用性功能——文学也是如此——并没有在这个过程中消失。但是20世纪70年代以来，复杂的摄影文学实验的成功昭示着一个混合“表达媒介”时代的到来（这也许被视为松散而广泛的多媒体领域的一个分支），而这个时代里摄影和文学都不是绝对的统治者。此外，仅仅用“表达”的概念不如摄影在最初阶段所用的“表征”的概念更足以概括其在第二阶段的特点。正如我们所看到的，摄影及摄影文学的戏剧和表演角色在20世纪70年代后期占据主导地位，并试图推翻先前倡导媒介自治和媒介表现力的施蒂格里茨模型及支持摄影修辞的体制。在这里，本书试图修正一些术语，揭示在（真实）表征时代消亡并被自我表达的追求所取代的表象之后或之外，（摄影）发生了根本性的转变。这种转变可以说使得摄影

（和文学）由对现实存在的形而上学变为雅克·德里达（Jacques Derrida）表达式，再变为一种歌颂不同或**差异**的诗学。[4] 也就是说，摄影的语用学和道德观将不再统治世界，这是对复辟先前（虚幻）摄影艺术的无奈举措。用摄影常用的皮尔士范式（Peircian paradigm）来讨论此事，摄影将会从一个圣像时代（类似于将幻想的事物现实化）进入一个指示时代（或者说将观察到的事物追溯为不存在）；也可以说是从光影的艺术进入阴影的艺术。[5]

在这里我再一次提醒，我们要借鉴历史。本雅明所说的“光学潜意识”是众所周知的并广受19世纪摄影师和批评家讨论的理论，塔尔博特本人最先对摄影的虚无化进行过宏观的深刻思考。事实上，摄影师一般不会意识到镜头所揭示的每一个现实细节，或者说，我们从照片（如“奔跑的马”这一经典案例）中感受到的世界经验和世界观可以被认为是两个代表。确实，正如乔纳森·克拉里认为的那样，这种视觉潜意识在很大程度上孕育了摄影。然而，我们很难否认在摄影的第一个阶段，大致是19世纪时期，摄影的理念和社会对话里渗透着强大的对世界现实存在的新奇幻想，这在奥利弗·W.福尔摩斯的梦境——坐着隐形扶手椅在巨大立体的“自然城堡”里旅行——中被体现得淋漓尽致（此外福尔摩斯还将此梦境形象地融进照片以此作为虚无的印象）。现实存在的形而上学与我们日常摄影（或电视）的使用不无关系，如足球迷们对视频裁判持续的辩护和支持。（相比认为摄影是自然的证据，反对者更支持把足球推理为“人类”游戏。）

然而，对“缺席”（虚无）的追求在20世纪70年代后期的创意摄影中已经势不可当（在那之前也是一个非常明显的趋势），而鉴于当时艺术作品的萎靡，摄影同大地艺术一样也进行了艺术概念实践。这一趋势成为吸引同一时期作家的一个主要因素。正如让·鲍德里亚在内的一些作家，在对荒芜世界进行文学哀悼和追捧摄影为（新）媒介两者之间摇摆不定，这并非为了重构存在主义，而是为了记录后现代主义主题的痕迹，这些痕迹通常存留在一些非常私密的空间，也可能发现于死亡战区。[6] 尽管伊波利特·贝亚尔喜忧参半的自画像和艾尔维·吉贝尔展现（自我）内在和私人环境平淡无奇的肖像画表面看来同属“自我的表达”，但二者必须被区别开来。然而，摄影的发明者正在想尽一切办法证明摄影诞生这一现实，并提醒作家们他们愤怒的存在，而他们遥远的继承者们也将扮演摄影师的角色，预先记录下沉默和虚无的未来。仅仅这些类比并不能完全解释本书尝试勾勒的复杂历史，那是因为像辛迪·舍曼和马丁·帕尔那样用哀悼的形式并不能削弱当下局势，使我们得以微笑着看待对生命和存在的渴望。不过这本书可以看作是对我所尝试勾勒的摄影与文学还有世界之间关系转变的一个简单阐述。

注 释

引 言

1 参见 Eduardo Cadava, *Words of Light: Theses on the Photography of History*, 第 2 版 (Princeton, NJ, 1998)。

2 2007 年在法国瑟里西举办的关于这一主题的一次大型会议对此进行了阐释（参见 Jean-Pierre Montier et al., *Littérature et photographie*, Rennes, 2008）；然而，摄影和文学不能被视为一个新的主题（参见 1999 年在肯特大学举办的关于这一主题的专题研讨会的论文集，斯蒂芬·巴恩（Stephen Bann）和伊曼纽尔·赫尔曼（Emmanuel Hermange）发表于 *Journal of European Studics*, xxx/117, March, 2000）; Paul Edwards, *Soleil noir:Photographie et littérature des origines au surréalisme* (Rennes, 2008)。

3 Philippe Hamon, Imageries, *littérature et image au xixe siècle* (Paris, 2001)。

4 W.J.T. Mitchell, *Iconology: Image, Text, Ideology* (Chicago, IL, 1986).

5 Jane Rabb, *Literature and Photography, Interactions 1840–1990* (Albuquerque, NM, 1995).

6 Michel Foucault, *The Order of Things: An Archaeology of the Human Science* [French original 1966; New York, 1970); Jean-Luc Nancy and Philippe Lacoue-Labarthe, The Literary Absolute: *The Theory of Literature in German Romanticism* [French original 1980; Albany, NY, 1988)。

7 Meyer H. Abrams, *The Mirror and the Lamp: Romantic Theory and the Critical Tradition* (Oxford, 1953).

8 参 见 Pierre Bourdieu, *The Rules of Art, Genesis and Structure of the Literary Field* [French original 1992; Stanford, CA, 1996)。

9 Marsha Bryant 编, *Photo-Textualities:Reading Photographs and Literature* (Newark,NJ, 1996)。

第一章：记录摄影的发明

1 Edgar Allan Poe,'The Daguerreotype'[1840], 参见 Alan Trachtenberg 编, *Classic Essays on Photography* (New Haven, CT, 1980), 第 37 页。

2 Daniel J. Boorstin, *The Image: A Guide to Pseudo-Events* (New York, 1961); Régis Debray, *Vieet mort de l'image* (Paris, 1995).

3 Larry Schaaf, *Out of the Shadows: Herschel, Talbot, and the Invention of Photography* (New Haven, CT and London), 1992, 第 62 页； François Brunet, *La Naissance de l'idée de Photographie* (Paris, 2000), 第 74–79 页。

4 即便当时图像对打印页面具有一定的“排斥性”。Nancy Armstrong, *Scenes in a Library: Reading the Photograph in the Book* (Cambridge,MA, 1998), 第 3 页 .

5 关于这一复杂的插曲，参见博蒙特·纽霍尔（Beaumont Newhall）的经典叙事书籍：*Latent Image: The Discovery of Photography* (New York, 1966), 以及安妮·麦考利（Anne McCauley）的文章,'François Arago and the Politics of the French Invention of Photography', 发表于丹尼尔·P. 扬格（Daniel P. Younger）版本的 *Multiple Views: Logan Grant Essays on Photography 1983–89* (Albuquerque, NM, 1991), 第 43–70 页，以及布吕内（Brunet）的 *La Naissance*, 第 57–116 页。

6 1838 年 4 月 28 日写给伊西多尔·尼埃普斯的信，布吕内的 *La Naissance* 一书在第 72 页对该信进行了引用。

7 François *Arago in Comptes rendus hebdomadaires des séances del'Académie des Sciences*, ix (1839/2), 第250页。

8 Schaaf, *Out of the Shadows*, 第 55–61 页。

9 曾被保罗·路易斯·鲁贝尔（Paul-Louis Roubert）引用并论述，'Jules Janin et le daguerréotype entre l'histoire et la réalité', in Danièle Méaux, ed., *Photographie et Romanesque, Études romanesques*, x (Caen, 2006), 第 25–37 页 .

10 参见 Roland Recht, *La Lettre de Humboldt* (Paris, 1989), 该书第 10–11 页全文再现了冯·洪堡的法语版书信。

11 参 见 Jonathan Crary, *Techniques of the Observer: On Vision and Modernity in the Nineteenth Century* (Cambridge and London, 1990).

12 罗伯特·塔夫脱（Robert Taft）最先发现了这一文献，并在著作 *Photography and the American Scene: A Social History 1839–1889 [1938]* (New York, 1964) 中第

8–12 页对之进行了评论。

13 Népomucène Lemercier, 'Sur la découverte de l'ingénieux peintre du Diorama, exposé préliminaire suivi du poème'Lampélie et Daguerre', *Institut Royal de France, Séance publique des cinq Académies du 2 mai 1839* (Paris, 1839), 第 21–37 页。

14 参见埃里克·米肖德（Eric Michaud）的 'Daguerre, un Prométhée chrétien', Études Photographiques, ii (May 1997), 第 44–59 页。

15 Walter Benjamin, 'A Short History of Photography', 参见 Trachtenberg 编, *Classic Essays*, 第 201 页。

16 Tannegui Duchâtel,'Exposé des motifs', in Louis-J.-M. Daguerre, *Historique et description des procédés du Daguerréotype et du Diorama* (Paris, 1839), 第 2 页。

17 Brunet, *La Naissance*, 第 89–91 页， 第 111–116 页; Recht, *La Lettre de Humboldt*, 第 134–135 页。

18 参见乔弗雷·巴钦 (geoffrey batchen) 的 *Burning with Desire: The Conception of Photography* (Cambridge, MA, 1997。

19 以下章节概括了我的论文 'Inventing the literary prehistory of photography: from François Arago to Helmut Gernsheim' , 选自朱利安·勒克斯福德 (Julian Luxford) 和亚历山大·马尔（Alexander Marr）合著的 *Literature and Photography: New Perspectives* （St Andrews, 2009）。该段引文选自阿拉戈向法国下议院做的演说，该演说文本发表在达盖尔的手册中（*Historique*, 参见本章注释 16）。参见本书第 11 页关于这一梦想的引用。另外还有一个略微不同的阿拉戈演说的英文翻译版本（该版本有所删减）出现在特拉登堡的 *Classic Essays* 中第 15–25 页。

20 该画像存放于法国摄影协会加布里埃尔·克罗默作品集（Gabriel Cromer Collection）中的达盖尔档案中，其中还包括查尔斯·尼埃普斯（Charles Niépce）创作的这一画像的日光照相底版印象。

21 伊塔洛·萨内尔（Italo Zannier）新近创作的 *Il Sogno della Fotografia* (Collana,2006)。

22 Arago, in Daguerre, *Historique*, 第 11 页。

23 摄影与文学的这一联系于 1862 年首次发表于法国一篇摄影方面的论文中，之后被进一步拓展；参见布吕内的文章 'Inventing the literary prehistory'。

24 埃德加·爱伦·坡在他的 'The Thousand and Second Tale of Scheherazade '（1845）中对这一联系做了明确的论述；奥利弗·温德尔·霍姆斯 1859 年在他的立体摄影术方面的论文中进一步做了阐述。

25 Helmut Gernsheim, *The Origins of Photography* (London, 1982), 第 6 页。另请参阅 Josef-Maria Eder, *The History of Photography* （德语版原版于 1932 年出版，翻译版 1945 年出版; New York, 1978）。最近的版本请参阅沃尔夫冈·拜尔（Wolfgang Baier）编辑的文集 *Quellendarstellungen zur Geschichte der Fotografie* （Munich, 1977）以及 Robert A. Sobieszek, *The Prehistory of Photography: Original Anthology* (New York, 1979)。

26 Arago, 参见 Trachtenberg 编, *Classic Essays*, 第 22 页。

27 Edgar Allan Poe, 'The Daguerreotype', 参见 Trachtenberg 编, *Classic Essays*, 第 38 页。

28 参见布吕内的 *La Naissance*, 第 113–115 页。

29 Arago, in Daguerre, *Historique*, 第 13 页。

30 Francis Wey, 'Comment le soleil est devenu peintre, Histoire du daguerréotype et de la photographie', *Musée des Familles*, xx (1853), 第 257–265 页 , 第 289–300 页; Louis Figuier, *La photographie, Exposition et histoire des principales découvertes scientifiques moderns* (Paris, 1851), 第 1–72 页；另请参阅安德雷·昆戴尔（André Gunthert）的文章 'L'inventeur inconnu, Louis Figuier et la constitution de l'histoire de la photographie française' , *Études Photographiques*, xvi (May 2005), 第 7–16 页。

31 Arago, 参见 Trachtenberg 编, *Classic Essays*, 第 17 页。

32 Schaaf, *Out of the Shadows*, 第 83 页。

33 拉里·沙夫 , *Records of the Dawn of Photography: Talbot's Notebooks p & q* (Cambridge and Melbourne, 1996), 第 26 页。

34 拉里·沙夫 , *The Photographic Art of William Henry Fox Talbot* (Princeton, NJ, 2000), 第 78 页。

35 塔尔博特关于这些摄影想法的论述在博蒙特·纽霍尔的 *Photography: Essays and Images*（New York, 1980）第 23–31 页进行了转载。

36 Talbot, 'Some Account of the Art of Photogenic Drawing….', 参见 Newhall, *Essays and Images*, 第 25 页。

37 Both texts are quoted and commented on by 格雷厄姆·史密斯在他的 *Light that Dances in the Mind: Photographs and Memory in the Writings of E. M. Forster and his Contemporaries* (Oxford, 2007) 中第 158–160 页对这两段文字进行了转载和评论。

38 Adolfo Bioy Casares, *The Invention of Morel* [Spanish original 1940; New York, 1964); G. Davenport, 'The Invention of Photography in Toledo [1976/1979]'，参见 Jane Rabb 编, *The Short Story and Photography 1880s–1990s: A Critical Anthology* (Albuquerque, NM, 1998), 第 223–233 页。

39 Odette Joyeux, *Niépce: Le Troisième* Œil (Paris, 1989); 另请参阅布吕内的文章 'Inventing the literary prehistory'。

40 Vachel Lindsay, *The Art of the Moving Picture* (New York, 1922); 另请参阅 Marc Chénetier 在他的 *De la caverne à la pyramide (Écrits sur le cinéma 1914–1925)*（Paris, 2001）中的评论。法兰克福学派后来提出了关于象形文字的争论，请参阅米莲姆·汉森（Miriam Hansen）的 'Mass Culture as Hieroglyphic Writing: Adorno, Derrida, Kracauer', *New German Critique*, lvi (Spring/Summer, 1992), 第 43–73 页。

第二章：摄影与书籍

1 James Agee and Walker Evans, *Let Us Now Praise Famous Men* [1941] (Boston, 2001), 第 13 页。

2 参见理查德·博尔顿（Richard Bolton）版本的 *The Contest of Meaning: Critical Histories of Photography* (Cambridge, MA, 1989), 尤其是道格拉斯·克林普（Douglas Crimp） 的 'The Museum's Old / The Library's New Subject' [1984], 第 3–13 页。

3 Helmut Gernsheim, *Incunabula of British Photographic Literature: A Bibliography of British Photographic Literature 1839–75 and British Books Illustrated with Original Photographs* (Berkeley, CA, 1984); Lucien Goldschmidt and Weston J. Naef, *The Truthful Lens: A Survey of the Photographically Illustrated Book, 1844–1914* (New York, 1980).

4 参见马丁·帕尔和格里·巴杰合著的 *The Photobook: A History*, vols i and ii (New York, 2004, 2006); 另请参阅苏珊·桑塔格的 *On Photography*（New York, 1977）第 4 页。

5 关于这一主题有很多研究，尤其参阅玛莎·布赖恩特（Marsha Bryant）版本的 *Photo-Textualities: Reading Photographs and Literature* (Newark, NJ, 1996)。

6 参见拉里·沙夫的 *The Photographic Art of William Henry Fox Talbot*（Princeton, NJ, 2000）第 28、36 页等。塔尔博特在其 1939 年的回忆录中对此有十分明确的记叙 ('Some Account of the Art', 参见 Beaumont Newhall, *Photography: Essays and Images* [New York,1980], 第 28 页）。

7 副本的实际数量不可能确定地知道，并且每期数量也不尽相同；第一期副本的数量在 300 份以内。每期副本的价格在 7 到 12 先令之间，每个系列副本的组合价值约为 3 英镑，而一个工厂工人的平均月工资约为 4 英镑。请参见拉里·沙夫的文章 'Brief Historical Sketch'，参见 H. Fox Talbot's *The Pencil of Nature, Anniversary Facsimile* (New York, 1989)。

8 参见威廉·埃文斯（William Ivins）的 *Prints and Visual Communication* (London, 1953); 埃斯特尔·朱西姆（Estelle Jussim）的 *Visual Communication and the Graphic Arts: Photographic Technologies in the Nineteenth Century* (New York, 1974); *Études Photographiques, xx (June 2007), La trame des images, Histoire de l'illustration photographique*, 尤其是斯蒂芬·巴恩（Stephen Bann), 皮埃尔－林·勒内(Pierre-Lin René）和泰利·瑞尔威（Therry Gervais）的文章。

9 参见迈克·韦弗（Mike Weaver）的 *The Photographic Art: Pictorial Traditions in Britain and America* (New York, 1986)。

10 Hubertus von Amelunxen, *Die Aufgehobene Zeit. Die Erfindung der Photographie durch William Henry Fox Talbot* (Berlin, 1989), 第 25 页。另请参见弗朗索瓦·布吕内的 *La Naissance de l'idée de photographie* (Paris, 2000), 第 117–156 页。

11 除冯·阿梅隆克森（von Amelunxen）和我之外，还有几位评论员对这一观点进行了辩护，尤其是南希·阿姆斯特朗在 *Scenes in a Library: Reading the Photograph in the Book*（Cambridge, MA, 1998）中以及新近的罗伯托·西尼奥里尼在 *Alle origini del fotografico,Lettura di The Pencil of Nature (1844–46) di William Henry Fox Talbot*（Bologna, 2007）中的论述。

12 关于“干草堆”这幅相片，请参见让－克里斯多夫·巴伊（Jean-Christophe Bailly）的 *L'Instant et son ombre* (Paris, 2008)。

13 Charles Darwin, *The Expression of Emotions in Man and Animals* (London, 1872), 第 6 页。

14 Isabelle Jammes, *Blanquart-Evrard et les origines de l'édition photographique française* (Geneva and Paris, 1981).

15 Claire Bustarret,'Vulgariser la Civilisation: science et fiction d'après photographie', 参见 Stéphane Michaud 等编, *Usages de l'image au xixe siècle* (Paris, 1992), 第 138–139 页。

16 参见南茜·阿姆斯特朗(Nancy Armstrong)的 *Scenes in a Library: Reading the Photograph in the Book* (Cambridge, MA, 1998), 第 284 页。

17 André Jammes and Eugenia Parry Janis, *The Art of French Calotype, with a Critical Dictionary of Photographers, 1845–1870* (Princeton,NJ, 1983); Anne de Mondenard, *La Mission Héliographique: Cinq photographes parcourent la France en 1851* (Paris, 2002).

18 Weston J. Naef and James N. Wood, *Era of Exploration, the Rise of Landscape Photography in the American West* (New York, 1976); 参见 François Brunet and Bronwyn Griffith 编, *Images of the West,Survey Photography in the American West 1860–80* (Chicago,IL, 2007)。

19 Martha Sandweiss, *Print the Legend: Photography and the American West* (New Haven, CT, 2002).

20 参见约西亚·D. 惠特尼(Josiah D. Whitney)的 *The Yosemite Book* (New York,1868)。

21 这尤其在其 1870 年个人出版的影集 *The Three Lakes and How They Were Named* 中有所体现;请参见艾伦·特拉登堡的 'Naming the View', 参见 *Reading American Photographs: Images as History, Mathew Brady to Walker Evans*(New York, 1989)第 119–127 页。对奥沙利文地形测图摄影作品的另一个文学处理——可能是 C. 金(C. King)的作品——通过在档案中搜集的一系列非正式而往往诙谐的说明展现了作品的文学性。请参见弗朗索瓦·布吕内的 'Revisiting the enigmas of Timothy H. O'Sullivan, Notes on the William Ashburner collection of King Survey photographs at the Bancroft Library', *History of Photography*, xxxi/2 (Summer 2007), 第 97–133 页。

22 Robin Kelsey, *Archive Style: Photographs and Illustrations for us Surveys, 1850–1890* (Berkeley, CA, 2007).

23 参见马伦·斯坦格(Maren Stange)的 *Symbols of Ideal Life: Social Documentary Photography in America, 1890–1950* (New York, 1992), 第 47–87 页。

24 参见米克·吉德利(Mick Gidley)的 *Edward S. Curtis and the North American Indian, Incorporated* (Cambridge, 1998)。

25 参见奥利弗·卢贡(Olivier Lugon)的 *Le Style documentaire d'August Sander à Walker Evans* (Paris, 2002)。

26 Michael Jennings, 'Agriculture, Industry, and the Birth of the Photo-Essay in the Late Weimar Republic', *October*, xciii (Summer 2000), 第 23–56 页。

27 同上, 第 23 页。

28 参见威廉·史托特(William Stott)的 *Documentary Expression in Thirties America* (New York, 1973); 斯坦格的 *Symbols of Ideal Life*.

29 Peter Cosgrove,'Snapshots of the Absolute: Mediamachia in *Let Us Now Praise Famous Men*', *American Literature*, lxvii/2 (1995), 第 329–357 页。W.J.T. 米切尔(W.J.T. Mitchell)在 *Picture Theory*(Chicago, IL, 1994)一书关于摄影论文的章节中, 将图片与文本之间的这种对抗关系视作这一体裁的一个典范(参见该书第 285–300 页)。

30 William Klein, *Life Is Good & Good for You in New York: Trance Witness Revels* (Paris, 1955).

第三章: 摄影的文学探索

1 Betty Miller, ed., *Elizabeth Barrett to Miss Mitford: The Unpublished Letters of Elizabeth Barrett Browning to Mary Russell Mitford* (New Haven, CT, 1954), 第 208–209 页。

2 Alan Trachtenberg,'Introduction', 参见 Alan Trachtenberg 编, *Classic Essays on Photography* (New Haven, CT, 1980), 第 7 页; 在同一时期出版的其他文集包括: Beaumont Newhall 编, *Photography:Essays and Images* (New York, 1980); Vicki Goldberg 编, *Photography in Print: Writings from 1816 to the Present* (New York, 1981); 另请参见苏珊·桑塔格的 *On Photography*(New York, 1977)附录中的经典语录精选。

3 Roland Barthes, *La Chambre Claire, Note sur la Photographie* (Paris, 1980); English translation, *Camera Lucida, Reflections on Photography* (New York, 1981). 这一时期其他有影响力的论文包括苏珊·桑塔格的 *On Photography*(该书法语版本于 1979 年出版)以及约翰·伯格(John Berger)的 *About Looking* (New York, 1980)。

4 巴特,《明室》, 第 95 页。

5 参见 W.J.T. 米切尔的 *Picture Theory* (Chicago, IL,

1994)，第 301–322 页，其中论述了《明室》与摄影小品的联系。另请参见巴特早期的绘本自传 *Barthes by Barthes*（该书法语原版于 1975 年出版；New York, 1977）以及丹尼奥勒·梅奥（Danièle Méaux）的 *Photographie et Romanesque, Études romanesques*, x（Caen, 2006）第 219 页菲利普·奥特尔（Philippe Ortel）的评论。另外，第五章介绍了《明室》与自传体小说的联系。

6 参见特拉登堡在其 *Classic Essays* 第 vii–xiii 页序言中的论述；在詹姆斯·艾尔金斯（James Elkins）版本的 *Photography Theory*（New York, 2007） 第 57 页的文章 'Conceptual Limitations of our Reflection on Photography' 中，詹·贝登丝（Jan Baetens）强调了作家对摄影批评范式的影响。在《明室》为数不多的参考文献中，巴特仅将保罗·瓦莱里和苏珊·桑塔格的作品列入其中；该书献给萨特（Sartre）的 *L'Imaginaire* (1940)。

7 On Balzac, who expressed enthusiasm in two letters in 1842, 参见菲利普·奥特尔的 *La Littérature à l'ère de la photographie, Enquête sur une révolution invisible*(Nîmes, 2002), 第 201–203 页，其中有关于巴尔扎克的论述，他在 1842 年写的两封信中表达了对摄影的热忱；然而，作者确实将对其光谱理论的回应融入书中，后来纳达尔在他的小说 *Le Cousin Pons*（1847）将这一回应进一步通俗化；参见克劳德·巴亚尔容（Claude Baillargeon）的 *Dickensian Londonand the Photographic Imagination*（Rochester, MI, 2003）第 3 页，其中有关于狄更斯的论述；关于托尔斯泰在摄影方面明显善意的沉默，请参见托马斯·西格弗里德（Thomas Seifrid）的 *PMLA*, cxiii/3（May 1998）第 443 页的文章 'Gazing on Life's Page: Perspectival Vision in Tolstoy'。

8 参见特拉登堡的 Classic Essays 第 37 页。这些文章最早被克拉伦斯·S. 布里格姆（Clarence S. Brigham）在他的 *Edgar Allan Poe's Contributions to Alexander's Weekly Messenger*（Worcester, MA, 1943）收录，第 20–22、82 页被认为是爱伦·坡的著作。

9 作为杂志 *Stylus* 的创始人以及其他几本杂志的编辑，爱伦·坡能够获得插图的亲身体验；他积极参与制作他自身的肖像画，并对画像中的人有着充分的意识。参见凯文·J. 海耶斯（Kevin J. Hayes）的 *Biography*, xxv/3（Summer 2002）中第 477–492 页的文章 'Poe, the Daguerreotype, and the Autobiographical Act'。

10 参见弗朗索瓦·布吕内的 'Poe à la croisée des chemins: réalisme et scepticisme', in *Revue Française d'Études Américaines*, lxxi (January 1997), 第 44–50 页。

11 尤其是'Nature'（1836）一文，力劝读者去看待真实的世界，其中有一段描述了摄影师透过照相机暗盒向外看的喜悦，另外，在 'The American Scholar'（1837）一文中，将观察列为理想学者的一个任务；参见弗朗索瓦·布吕内的 *La Naissance de l'idée de photographie* (Paris, 2000), 第 198–209 页。

12 参见 William Gilman 等编，*The Journals and Miscellaneous Notebooks of Ralph Waldo Emerson* (1970), viii, 第 115–116 页。参见布吕内的 *La Naissance* 第 198–209 页，其中对所有这些做了论述。Sean Ross Meehan,'Emerson's Photographic Thinking', in *Arizona Quarterly:A Journal of American Literature, Culture, and Theory*, lxii/2 (Summer 2006), 第 27–58 页。

13 这一部爱情小说将其与后现代主义描绘死亡的惯例明显地联系起来，对这部爱情小说的最好分析之一是凯西·戴维森（Cathy N. Davidson）发表于 *South Atlantic Quarterly*,lxxxix/4（Fall 1990）第 667–701 页的文章 'Photographs of the Dead:Sherman, Daguerre, Hawthorne'。另请参见艾伦·特拉登堡的美文 'Seeing and Believing: Hawthorne's Reflections on the Daguerreotype in"The House of the Seven Gables"', 参见 *American Literary History*, ix/3 (Autumn 1997), 第 460–481 页。

14 在 1857 年的期刊中，我们能读到一段关于人的良心异质性的文章：

> 我从照片以及银版摄影师那儿得知，但凡到他们店面照相的人，拍摄出来的面容和外形几乎都是不规则且不对称的，或是眼睛一只蓝色，一只灰色，或是鼻子不挺拔，或是肩膀一个高，一个低。无论从物理层面还是从抽象意义上来说，照片中的人好像是七拼八凑起来的一样。（*The Journals*, vol. xiv, 第126页。）

在论文 'Beauty'（1860）中，这一段落被作者重新措辞："人像画家说，大多数的面容和外形都不规则，也不对称；一只眼睛是蓝色，一只是灰色……"

15 参见弗朗索瓦·布吕内的 "Quelque chose de plus": la photographie comme limite du champ esthétique (Ruskin, Emerson, Proust)', 参见 Brunet 等, *Effets de cadre, De la limite en art* (Saint-Denis, 2003), 第 29–52 页。

16 参见亚伦·沙夫（Aaron Scharf）的 *Art and Photography* (Baltimore, MD, 1969), 该书第 95–102 页对此做了详细的论述。简·拉布的 *Literature and Photography: Interactions, 1840–1990*（Albuquerque, NM, 1995）在第 110–115 页作了大量引用。另请参见布吕内的文章

"Quelque chose de plus" 中所做的讨论。

17 这一部分的英语译本选自特拉登堡的 *Classic Essays* 第 83–90 页。

18 参见菲利普·奥特尔的 *La Littérature à l'ère de la photographie, Enquête sur une revolution invisible* (Nîmes, 2002), 第 175 页 ; Jérôme Thélot, *Les inventions littéraires de la photographie* (Paris, 2004), 第 73 页 ; Paul-Louis Roubert, *L'image sans qualités, Les beaux-arts et la critique à l'épreuve de la photographie 1839–1859* (Paris, 2006), 特别是第 143–147 页 ; 伊波利得·丹纳(Hippolyte Taine)对福楼拜摄影智慧的准实验探索, 请参见伯纳德·施蒂格勒(Bernd Stiegler)的 'Mouches volantes" et "papillons noirs", Hallucination et imagination littéraire, note sur Hippolyte Taine et Gustave Flaubert', in Méaux, *Photographie et Romanesque*, 第 9–48 页。关于戈蒂埃(Gautier), 参见伯纳德·施蒂格勒的 'La surface du monde: note sur Théophile Gautier', *Romantisme*, cv (1999/3), 第 91–95 页。

19 即便这十位艺术家, 作为真正的现实主义者, 已经尽最大努力保证场景复制上的精确性; 参见奥特尔的 *La Littérature* 第 188–199 页。1863 年, 尚弗勒里在一个体现黑色幽默的故事 'The Legend of the Daguerreotype' 中, 设计了一个人物, 他利用多种危险的化学物质, 经过无数次的尝试, 想要制作出一张令自己满意的画像, 画像中人是一个当地乡下一名淳朴的模特, 最终, 他在照相底版中制作出了一张比较相像的照片, 却发现模特不见了, 已经被他的化学物质吞噬了, 仅仅留下他控诉银版摄影师谋杀的声音; 正如杰罗姆·斯洛特(Jérôme Thélot)所说, 这一讽刺漫画和 1857 年的寓言一样, 不仅是针对摄影精确性的意识形态, 同样也指向更为极端或幼稚的批评者。参见奥特尔的 *La Littérature* 第 122–123 页, 斯洛特的 *Inventions* 第 71–88 页以及拉布的 *Literature and Photography* 第 10–14 页。

20 参见斯洛特的 *Inventions* 第 40–52 页, 其中的假设视基于埃里克·达瑞根(Eric Darragon)早些时候的评论。

21 Elizabeth Eastlake,'Photography' [1857], 参见 Beaumont Newhall, *Photography: Essays and Images*, 第 81–96 页(引用见第 94 页)。 纽霍尔借用这一短语作为他的 *History of Photography* 中介绍早期纪实和插图项目章节的题目。

22 参见 *Études Photographiques*, xiv(January 2004)中第 105–107页我为这篇论文法语版本所作的序言和注释。

23 O. W. Holmes,'The Stereoscope and the Stereograph' [1859], 参见 Newhall, *Photography: Essays and Images*, 第 53 页。.

24 O. W. Holmes,'Sun Painting and Sun Sculpture', 参见 *The Atlantic Monthly*, viii (1861), 第 13 页。.

25 Holmes, 'The Stereoscope and the Stereograph', 第 59 页。参见 Miles Orvell, 'Virtual Culture and the Logic of American Technology', *Revue Française d'Études Américaines*, lxxvi (March 1998), 第 12–13 页。

26 该段文字摘自霍姆斯的 'Sun Painting and Sun Sculpture' 第 21–22 页。霍姆斯早些时候就这一主题曾写道:

> 凭想象创作的画作所产生的印象与我们儿时家乡的摄影记录没有可比性……艺术家在努力创作一种总体印象的同时所忽略的关键因素可能恰恰就是我们记忆深处最能体现这一地方个性的事物。

在一幅主题为他的故乡的照片中, 霍姆斯挑选出"一株细长、干枯并且没有了叶子的茎", 这正是"一个艺术家很难注意到的, 对我们而言它却是我们记忆深处的《金银花》的茎, 我们清晰地记得它粉红和白色相间的花朵, 芳香四溢, 这种感觉是我们永远难以忘怀的"(14); 可以对比一下巴特在《明室》第 38–39 页对其位于格拉纳达的房子的描述。

27 关于这方面的研究, 做的最好的莫过于简·拉布(*Literature and Photography and The Short Story and Photography*), 本书这一部分很大程度上是以其为基础的。

28 出于对其已故妻子通过拍卖将其出售的怨恨, 裘德烧毁了他自己的肖像照片。诗人通过这首诗歌宣称, 他的这一行为"轻松地清除了生活中对她的拖欠, 然而却似乎感觉那一夜是我让她走向了死亡"。参见朱莉·格罗斯曼(Julie Grossmann)的 'Hardy's "Tess" and "The Photograph": Images to die for – Thomas Hardy', in *Criticism*, xxxv (Fall 1993), 第 609–631 页。

29 参见 Méaux, *Photographie et Romanesque*, 第 6–8 页。

30 关于摄影与 1900 年的文学景观, 参见格雷厄姆·史密斯 的 *Light that Dances in the Mind, Photographs and Memory in the Writings of E. M. Forster and his Contemporaries*(Oxford, 2007),尤其是第 33–45 页关于"快照法" 的论述; 关于这一时期摄影的哲学应用, 参见布吕内的 *La Naissance*, 第 269–305 页。。

31 Smith, *Light that Dances in the Mind*, 第 129–154 页, 第 167–175 页。

32 参见让 – 弗朗索瓦·谢弗里耶(Jean-François Chevrier) 的 *Proust et la photographie* (Paris, 1982); Brassaï ,

Proust in the Power of Photography（法语原版于 1997 年出版; Chicago, IL, 2001）; Brunet,'Quelque chose de plus'。

33 这个故事表达了迈尔斯·奥维尔（Miles Orvell）追求美国文化中的真实性的历史, *The Real Thing: Imitation and Authenticity in American Culture, 1880–1940* (Chapel Hill, NC, 1989)。关于詹姆斯对于摄影的复杂态度, 参见第五章。

34 译文来自特拉登堡的 *Classic Essays* 第 195 页。

35 C. Phillips, *Photography in the Modern Era: European Documents and Critical Writings, 1913–1940* (New York, 1989), 第 7 页。

36 参见阿拉戈对约翰·哈特菲尔德的蒙太奇式集锦照片以及菲利普斯的 *Photography in the Modern Era* 第 60–67 中对革命性美丽的评论, 另请参见巴勃罗·聂鲁达（Pablo Neruda）的诗歌 '*Tina Modotti is Dead*' (1942), 参见 Rabb, *Literature and Photography*, 第 327–329 页。

37 Gisèle Freund, *La photographie en France au dix-neuvieme siecle: essai de sociologie et desthétique* (Paris, 1936), 该书为她后来广受欢迎的论文 *Photography and Society*（法语原版于 1974 年出版; Boston, MA, 1980）奠定了基础。

38 参见拉布的 *The Short Story and Photography*。在同一时期众多的美国摄影主题短篇小说中, 人们或许会想起雷蒙德·卡佛（Raymond Carver）的 'Viewfinder' (1981) 和辛西娅·奥兹克（Cynthia Ozick）的 'Shots'(1982)。

39 参见吉恩·阿罗约（Jean Arrouye）的文章 'Du voir au dire: Noces de Jean Giono', in Méaux, *Photographie et Romanesque*, 第 143–156 页。

40 请参阅 P. 莫迪亚诺（P. Modiano）的 *Livret de famille* (1977); W. G. Sebald, *Vertigo* (1990)。

41 在《明室》中, 巴特始终使用"现实主义"一词表达一种哲学意义, 而不是文学意义, 也就是说, 照片构成了某一现实的证据。

42 Marshall McLuhan, *Understanding Media: The Extensions of Man*[1964], W. Terrence Gordon 评论版 (Corte Madera, CA,2003), 第 267 页。参见斯蒂芬·J. 维特菲尔德（Stephen J. Whitfield）发表于 *Reviews in American History*, xix/2 （June 1991）第 302–312 页的文章 'The Image: The Lost World of Daniel Boorstin', 其中包含了对布尔斯廷（Boorstin）对这幅画像评论的重新评价。

43 Sontag, *On Photography*, 第 29 页。

第四章: 摄影文学

1 Edward Weston, *The Daybooks of Edward Weston, Two volumes in one*, ed. Nancy Newhall [1966] (New York, 1990), vol. 2, California, 第 24 页。

2 Vicki Goldberg 编, *Photography in Print: Writings from 1816 to the Present* (New York, 1981), 第 148 页。

3 以奥沙利文为例, 对其在美国西部进行摄影测量活动的叙述没有署名, 却体现了渊博的学识, 这些叙述连同其他未提及的艺术家的引用, 均在 1869 年发表于 *Harper's Monthly* 期刊, 这进一步加深了我们对其在那一时期公众角色的认识。参见罗宾·凯尔西（Robin Kelsey）的 *Archive Style: Photographs and Illustrations for us Surveys, 1850–1890* (Berkeley, CA, 2007), 第 122–128 页。

4 参见菲利普·哈蒙（Philippe Hamon）的 'Pierrot photographe', *Romantisme*, cv/3(1999), 第 35–44 页, 其中对此做了精辟的分析。

5 参见弗朗索瓦·布吕内的 *Prospects*, xix （1994）第 161–187 页的文章 '"Picture Maker of the Old West": W. H. Jackson and the Birth of Photographic Archives in the us'。

6 Helmut Bossert 和 Heinrich Guttmann, *Aus der Fruhzeit der Photographie 1840–70* (Frankfurt am Main, 1930)。

7 在法国, 卡帕的人生故事为埃尔韦·哈蒙（Hervé Hamon）和帕特里克·罗特曼（Patrick Rotman）创作的非常受欢迎的探险系列文章 'Boro the photographer' 提供了灵感。

8 一个重要的例子就是马塞尔·普鲁斯特的朋友 *Robert de la Sizeranne* 写的一篇捍卫画意摄影的长文 'La photographie est-elle un art?', Revue des Deux Mondes, 第 4 期, cxliv (November–December 1897), 第 564–595 页。

9 参见乔纳森·格林（Jonathan Green）的 *Camera Work: A Critical Anthology* (Washington, DC, 1973).

10 参见莎拉·E. 格里诺（Sarah E. Greenough）和简·汉弥尔顿（Juan Hamilton）合著的 *Alfred Stieglitz: Photographs and Writings* (Washington, DC, 1983).

11 Waldo Frank 等, *America and Alfred Stieglitz: A Collective Portrait* (New York, 1934); Richard F. Thomas, *Literary Admirers of Alfred Stieglitz* (Carbondale, IL, 1983)。

12 Alan Sekula,'On the Invention of Photographic Meaning' [1975], 参见 Goldberg, *Photography in Print*, 第 452–473 页。相比之下, 罗伯特·塔夫脱和乔治·波东尼（Georges Potonniée）的摄影历史为摄影支撑起了一个技术和社会框架。他将摄影历史构建成实践的历史,

而不是影像的历史，他们很少会考虑对单张照片语义或文体方面的评论。

13 参见博蒙特·纽霍尔为韦斯顿图书 *Daybooks of Edward Weston* 所作的序言，第 13 页。另请参见桑塔格的 *On Photography*, 第 96–97 页。

14 这本书的一个经典构想来自克里斯托弗·菲利普斯 (Christopher Phillips) 的 文 章 'The Judgment Seat of Photography'[1982], 参见 *The Contest of Meaning: Critical Histories of Photography, Richard Bolton* 编 (Cambridge, 1989), 第 15–46 页。另请参见这一文集中的其他文章。

15 Clément Chéroux, 'Les récréations photographiques, un répertoire de formes pour les avant-gardes', *Études photographiques*, v (1998), 第 73–96 页。

16 Michel Foucault,'La peinture photogénique'[1975], 参见 *Dits et écrits*, vol. ii (Paris, 1994), 第 708–715 页。

17 John Harvey, *Photography and Spirit* (London, 2007); Clément Chéroux 编, *The Perfect Medium: Photography and the Occult* (New Haven,CT, 2005).

18 Miles Orvell, *American Photography* (Oxford, 2003), 第 163 页。

19 A. D. Coleman,'The Directorial Mode: Notes toward a Definition'[1976], 参见 *Light Readings: A Photography Critic's Writings, 1968–1978* (New York, 1979), 第 246–257 页。另请参见 Goldberg, Photography in Print, 第 480–491 页。让－弗朗索瓦·利奥塔（Jean-François Lyotard） 的 *The Postmodern Condition: A Report on Knowledge*, trans. Geoff Bennington and Brian Massumi (Manchester, 1984), 突出了这种零散的、私人的以及反独裁的微叙事形式，并将其作为后现代性的最为典型的体裁。

20 参见道格拉斯·克林普（Douglas Crimp）的 'The Museum's Old / The Library's New Subject'[1984], 参见 Bolton 编, *The Contest of Meaning*。另请参见凯瑟琳·A. 爱德华兹 (Kathleen A. Edwards) 的 *Acting Out: Invented Melodrama in Contemporary Photography*（Seattle, OR, 2005）以及凯瑟琳·A. 巴萨德（Katherine A. Bussard）的 *So the Story Goes: Photographs by Tina Barney, Philip-Lorca diCorcia, Nan Goldin, Sally Mann, and Larry Sultan* (Chicago, 2006)。

第五章：文学摄影

1 Arthur Schopenhauer,'Physiognomy', 参见 *Parerga and Paralipomena* [1851], vol. ii, chap. 29, sect. 377.

2 Jane Rabb 编, *Literature and Photography, Interactions, 1840–1990* (Albuquerque, NM, 1995); Ann Wilsher,'Photography in Literature: The First Seventy Years', *History of Photography*, ii/3(July 1978), 第 223–254 页；Hubertus von Amelunxen,'Quand lephotographie se fit lectrice: le livre illustré par la photographie au xixème siècle', *Romantisme*, xv/47 (1985), 第 85–96 页；Marsha Bryant 编辑、摄影并文: *Reading Photographs and Literature* (Newark, NJ, 1996); Jan Baetens 和 Hilde van Gelder,'Petite poétique de la photographie mise en roman (1970–1990)', 参见 Danièle Méau 编, *Photographie et Romanesque, Études romanesques*, x (Caen, 2006), 第 257–272 页；另请参见下面的附注。

3 Carol Armstrong, *Fiction in the Age of Photography: The Legacy of British Realism* (Cambridge, MA, 1999); Jennifer Green-Lewis, *Framing the Victorians: Photography and the Culture of Realism* (Ithaca, NY, 1997); 另请参见海伦·格罗思（Helen Groth）的 *Victorian Photography and Literary Nostalgia* (New York, 2003)。

4 Carol Shloss, *In Visible Light: Photography and the American Writer* (New York, 1987).

5 菲利普·奥特尔，*La Littérature à l'ère de la photographie, Enquête sur une révolution invisible* (Nîmes, 2002), 第 248 页，关于斯特凡·马拉美的著名诗歌 'The Tomb of Edgar Poe'(1879), 其创作灵感来自一张巴尔的摩圣祠的照片。

6 Jérôme Thélot, *Les inventions littéraires de la photographie* (Paris,2004), 第 1–2 页。

7 Herman Melville, *Pierre: or, The Ambiguities*, Harrison Hayford, Hershel Parker, G. Thomas Tanselle 编 (Evanston and Chicago, IL, 1970), 第 254 页；参见凯文·J. 海耶斯（Kevin J. Hayes） 的 *Biography*, xxv/3（Summer 2002）第 481 页的文章 'Poe, the Daguerreotype, and the Autobiographical Act'。

8 参见 John W. Blessingame 编, *The Frederick Douglass Papers, series 1: Speeches, Debates, and Interviews, vol. iii: 1855–63* (New Haven, CT, 1985), 第 455 页。

9 Sarah Blackwood, '"The Inner Brand": Emily Dickinson, Portraiture, and the Narrative of Liberal Interiority', *Emily Dickinson Journal*, xiv/2 (Fall 2005), 第 48–59 页。

10 Rabb, *Literature and Photography*, 第 110 页。

11 同上，第 23–24 页。

12 Helen Groth, 'Consigned to Sepia: Remembering Victorian Poetry', *Victorian Poetry*, xli/4 (Winter 2003), 第 613 页。关于法国作家，参见奥特尔的 *La Littérature* 第 286–291 页，以及伊凡·勒克莱尔的文章 'Portraits

de Flaubert et de Maupassant en photophobes', *Romantisme*, cv/3(1999), 第 97–106 页。

13 Thélot, *Inventions*, 第 10 页。参见弗朗索瓦丝·海尔布伦（Françoise Heilbrun）等制作的展览图录 *En collaboration avec le Soleil. Victor Hugo, photographies de l'exil* (Paris, 1998)。

14 拉布的 *Literature and Photography* 第 42 页大量引用了阿黛尔·雨果（Adèle Hugo）的日记。

15 Jean-Pierre Montier,'D'un palimpseste photographique dans Les Travailleurs de la mer de Victor Hugo', 参见 Méaux, *Photographie et Romanesque*, 第 63 页。

16 Thélot, *Inventions*, 第 11 页。

17 Rabb, *Literature and Photography*, 第 19 页。参见特拉登堡的 *Reading American Photographs: Images as History, Mathew Brady to Walker Evans*（New York, 1989）, 第 60–70 页; Ed Folsom, *Walt Whitman's Native Representations* (Cambridge, 1997); Miles Orvell, *The Real Thing: Imitation and Authenticity in American Culture, 1880–1940*（Chapel Hill, NC, 1989）, 第 3–28 页。

18 Walt Whitman,'Visit to Plumbe's Gallery' [1846], 参见 Rabb, *Literature and Photography*, 第 21 页。

19 Shelton Waldrep, *The Aesthetics of Self-invention: Oscar Wilde to David Bowie* (Minneapolis, MN, 2004)。

20 Thomas Seifrid, 'Gazing on Life's Page: Perspectival Vision in Tolstoy', *PMLA*, cxiii/3 (May 1998), 第443页。他不仅强调了作者在摄影方面的沉默，还表达了自己"想成为一个摄影主题的意愿"。

21 斯洛特在 *Inventions* 第 125–159 页基于他对诗歌 'The Future Phenomenon' 的解析，提出了这一论点，并且补充道，虽然马拉美从来没有在公共场合就摄影表达过自己的看法，他在晚年对照片非常着迷；在他晚年创作的轶事诗歌中，这些诗歌收集于 1920 年版的 *Vers de Circonstance*，有许多诗歌书写于照片的空白处（被收集于 *Photographies*，参见第 156–158 页）。参见卡罗尔·阿姆斯特朗（Carol Armstrong）的 'Reflections on the Mirror: Painting, Photography, and the Self-Portraits of Edgar Degas', *Representations*, xxii (Spring 1988), 第 115 页，其中有对德加照片的详细评论，保罗·瓦莱里对他的照片也大加赞赏。

22 Rabb, *Literature and Photography*, 第 93 页；Ortel, *La Littérature*, 第 218–222 页。

23 Rabb, *Literature and Photography*, 第 158–163 页。

24 韦尔蒂（Welty）晚年作为一个摄影师而为人所知是在其影集 *One Time, One Place: Mississippi in the Depression*（1971）问世以后，并且随着她的著作 *Photographs*（1989）的出版，她的知名度逐渐提升；在创作其图文并茂的自传 *One Writer's Beginnings*(1984）时，她强调摄影的定型作用。杰拉尔丁·肖尔德（Géraldine Chouard）提到，她的摄影为公众所知花了半个世纪的时间 [参见 'Eudora Welty's Photography or the Retina of Time', *Études Faulknériennes*, v (June 2005), 第 19–24 页；另请参见亨特·科尔（Hunter Cole）和让·科肯普夫（Jean Kempf）在这一文集中的文章]。

25 还有其他一些类型的摄影师，例如，简·拉布收集于其文集的一些美国女性摄影师，其中有些摄影师本身就是作家，有些则嫁给了作家，他们大部分的摄影都致力于文学肖像，尤其是像 e. e. 康明斯（马里恩·莫尔豪斯）以及格罗夫出版社集团 [艾尔莎·朵芙曼（Elsa Dorfman）] 等诗人的文学肖像：参见拉布的 *Literature and Photography*, 第 469–477 页。

26 Paul Virilio, *The Aesthetics of Disappearance*（法语原版于 1980 年出版; New York, 1991）。

27 参见安·威尔舍（Ann Wilsher）的文章 'The Tauchnitz"Marble Faun"', *History of Photography*, iv/1 (January 1980), 第 61–66 页。

28 参见南希·阿姆斯特朗（Nancy Armstrong）的 *Scenes in a Library*, 第 281 页 , 第 332 页；格罗思（Groth）的文章 'Consigned to Sepia', 第 619 页详细地评论了诗人和批评家艾格尼丝·玛丽·弗朗西丝·罗宾逊（Agnes Mary Frances Robinson）于 1891 年出版的 E. 巴雷特·勃朗宁（E. Barrett Browning）的 *Casa Guidi Windows* 一书的插图版本。

29 阿姆斯特朗在他的 *Scenes in a Library* 第 361–421 页为他对卡梅伦为丁尼生诗歌创作的插图的研究做出了结论，并暗示到，他们维多利亚时代的这种怪异与我们这个时代摄影成为实现梦想的一个全能产业的现象遥相呼应（参见第 421 页）。另请参见艾莉森·查普曼（Alison Chapman）的文章 'A Poet Never Sees a Ghost: Photography and Trance in Tennyson's Enoch Arden and Julia Margaret Cameron's Photography', *Victorian Poetry*, xli/1(Spring 2003), 第 47–71 页。以及维多利亚·C. 奥尔森（Victoria C. Olsen）的 *From Life: The Story of Julia Margaret Cameron and Victorian Photography* (New York, 2003)。

30 参见罗杰·泰勒（Roger Taylor）和爱德华·韦克林（Edward Wakeling）合著的 *Lewis Carroll, Photographer*（Princeton, NJ, 2002），其中包括对卡罗尔摄影法的论述; Douglas Nickel, *Dreaming in Pictures:*

The Photography of Lewis Carroll (New Haven, CT, 2002)。可能这与卡罗尔做的一个比喻有关，1903 年，查尔斯·桑德斯·皮尔士（Charles Sanders Peirce）将画有存在图的空白断言页比作"一个胶卷，这个胶卷上有一张体现宇宙事实的未显影的照片"。参见罗威尔（Lowell）在 1903 年的讲座，收集于查尔斯·哈特肖恩（Charles Hartshorne）和保罗·韦斯（Paul Weiss）合著的 *The Collected Papers of Charles Sanders Peirce* (Cambridge, MA, 1931–5), iv, §512。

31 参见拉布的 *Literature and Photography* 第 51 页上布拉塞 1975 年的分析，其中包括卡罗尔对虚荣和目光短浅的讥讽（波德莱尔则是对之满腔怒火）。关于布鲁姆斯伯里团体，请参见格雷厄姆·史密斯的 *Light that Dances in the Mind: Photographs and Memory in the Writings of E. M. Forster and his Contemporaries*（Oxford, 2007），以及玛吉·胡姆（Maggie Humm）的 *Modernist Women and Visual Cultures: Virginia Woolf, Vanessa Bell, Photography, and Cinema* (New Brunswick, NJ, 2003)。

32 和其他法国历史学家一样，奥特尔在 *La Littérature* 第 17–18 页中提出，文学作品中开始采用照片插图就是从这一作品开始的；参见保罗·爱德华兹（Paul Edwards）的 'The Photograph in Georges Rodenbach's *Bruges-la-Morte* (1892)'，其中包含对这一观点成熟的评论，该论文发表于 *Journal of European Studies*, xxx/117 (2000), 第 71–89 页；另外，参阅 Georges Rodenbach 的 *Bruges-la-Morte*, Jean-Pierre Bertrand 和 Daniel Grojnowski 编 (Paris, 1998), 尤其是该书第 7–46 页的 'Présentation' 和第 317–319 页的 'Note sur les négatifs'。

33 参见罗登巴赫（Rodenbach）的 *Bruges-la-Morte* 第 319 页，其中对这一研究作了总结；保罗·爱德华兹在他的 *Romantisme*, cv/3 第 133–144 页的文章 'Roman 1900 et photographie（les editions Nillson/Per Lamm et Offenstadt Frères）' 中对 19 世纪末 20 世纪初的法国摄影小品作了细致的研究。

34 André Breton, *Nadja* (Paris, 1928), 第 199 页。

35 早在 1924 年，布雷顿（Breton）基于摄影对超现实主义影像作了界定；参见米歇尔·普瓦韦尔（Michel Poivert）发表在 *Études photographiques*, vii（May 2000）第 52–72 页的文章 'Politique de l'éclair. André Breton et la photographie'。

36 这在艾伦·特拉登堡的 *Classic Essays on Photography*（New Haven, CT, 1980）中第 192 页作了引用。

37 Georges Potonniée, *Cent ans de photographie* (Paris, 1940), 第 169 页。

38 Ralph Bogardus, *Pictures and Texts: Henry James, A. L. Coburn, and New Ways of Seeing in Literary Culture* (Ann Arbor, mi, 1984); Stanley Tick,'Positives and Negatives: Henry James vs. Photography', *Nineteenth Century Studies*, vii (1993), 第 69–101 页；Wendy Graham,'Pictures for Texts', *Henry James Review*, xxiv/1(2003), 第 1–26 页；拉布的 *Literature and Photography* 中第 168–174 页对科伯恩（Coburn）的话作了引用。另请参阅贝滕斯和冯·盖尔德（van Gelder）的 'Petite poétique de la photographie', 第 259–260 页。

39 Jean-François Chevrier, *Proust et la photographie* (Paris, 1982); François-Xavier Bouchart, *Proust et la figure des pays* (Paris, 1982).

40 Roland Barthes,'The Photographic Message', 参见 *Image–Music–Text* (New York, 1977), 第 15–31 页。

41 该术语由塞尔日·杜布洛夫斯基（Serge Doubrovsky）于 1977 年根据他的小说 *Fils*（Paris, 1977）创造出来的（参见该书封底），并且自那以后被广泛使用；请参见莫城（Méaux）的 *Photographie et romanesque*，尤其是第 211–330 页，其中对摄影与这一体裁之间的关系作了论述；关于巴特，请参阅该书第三章。

42 Benoît Peeters 和 Marie-Françoise Plissart, *Fugues* (Paris, 1983); *Droit de regards* [Paris, 1985, 书中附雅克·德里达(Jacques Derrida)的分析]; *Le Mauvais Oeil* (Paris, 1986), 等等。

43 参见让·鲍德里亚的 *Cool Memories* (1987–2005), *Sur la photographie* (1999) 以及他在 *Kassel Documenta*（2005），*La Disparition du monde* 中的大型摄影回顾展览。另请参见雷吉斯·德布雷（Régis Debray）的 *L'œil naïf* (Paris, 1994)。

结束语

1 Jan Baetens 和 Hilde van Gelder,'Petite poétique de la photographie mise en roman (1970–1990)', 参见 Danièle Méaux 编, *Photographie et Romanesque*, *Études romanesques*, x (Caen, 2006), 第 269 页。

2 参见我的 *La Naissance de l'idée de photographie*，其中对这一观点作了更全面的论述。

3 Michel Foucault,'La peinture photogénique'[1975], 参见 *Dits et écrits*, vol. ii (Paris, 1994)，第 708–715 页。

4 参见罗莎琳·德克劳斯（Rosalind Krauss）一篇摄影论文法语版本的标题 *Le Photographique, Pour une théorie des écarts* (Paris, 1990)。

5 参见谷崎润一郎（Junichiro Tanizaki）极富影响力的著

作 *In Praise of Shadows* （日语原版于 1933 年出版；New Haven, CT, 1977），其中对摄影与阴影艺术之间的联系作了叙述。

6 1980 年，也就是巴特在《明室》中将摄影与死亡之间的很多类同公布于众的那一年，波兰舞台导演塔德乌什·凯恩特（Tadeusz Kantor）在 *Wielopole-Wielopole* 中展示了一个死亡天使寓言中的一位摄影师寡妇，她手持一把隐藏于银版摄影装置中的机关枪，向受害者们随意射击。另请参见苏珊·桑塔格的 *On Photography*(New York, 1977)，第 13–14 页；帕特·巴克（Pat Barker）的 *Double Vision*（New York, 2004）中留下了一名死于战事中的战地记者的调查照片。

参考文献

Abrams, Meyer H., *The Mirror and the Lamp: Romantic Theory and the Critical Tradition*(Oxford, 1953)

Agee, James, and WalkerEvans, *Let Us Now Praise Famous Men* [1941](Boston, MA, 2001)

Armstrong, Carol, *Fiction in the Age of Photography: The Legacy of British Realism* (Cambridge, 1999)

—, 'Reflections on the Mirror: Painting, Photography, and the Self-Portraits of Edgar Degas', *Representations*, xxii(Spring 1988), pp. 108–41

Armstrong, Nancy, *Scenes in a Library: Reading the Photograph in the Book* (Cambridge, 1998)

Baetens, Jan, 'Conceptual Limitations of our Reflection on Photography', in *Photography Theory*, ed. James Elkins (New York, 2007), pp. 53–74.

Baetens, Jan, and Hilde van Gelder, 'Petite poétique de la photographie mise en roman (1970–1990)', in *Photographie et Romanesque, Études romanesques x*, ed. Danièle Méaux (Caen, 2006), pp. 257–72

Baier, Wolfgang, *Quellendarstellungen zur Geschichte der Fotografie* (Munich, 1977)

Baillargeon, Claude, *Dickensian Londonand the Photographic Imagination* (Rochester, 2003)

Bailly, Jean-Christophe, *L'Instant et son ombre* (Paris, 2008)

Bann, Stephen, and Emmanuel Hermange, eds, 'Photography and Literature', *Journal of European Studies*, xxx/117(March 2000)

Barthes, Roland, *Barthes by Barthes*, trans. Richard Howard (New York,1977)

—, *Camera Lucida, Reflections on Photography*, trans. Richard Howard(New York, 1981)

—, *Image–Music–Text* (New York, 1977)

Batchen, *Geoffrey, Burning with Desire: The Conception of Photography* (Cambridge, 1997)

Baudrillard, Jean, *Sur la photographie* (Paris, 1999)

Benjamin, Walter, 'A Short History of Photography' [1931], trans. Phil Patton, in *Classic Essays on Photography*, ed. Alan Trachtenberg(New Haven, CT, 1980), pp. 199–216

Berger, John, *About Looking* (New York, 1980)

Blackwood, Sarah, '"The Inner Brand": Emily Dickinson, Portraiture, and the Narrative of Liberal Interiority', *Emily Dickinson Journal*, xiv/2(Fall 2005), pp. 48–59

Bogardus, Ralph, *Pictures and Texts: Henry James, A. L. Coburn, and New Ways of Seeing in Literary Culture* (Ann Arbor, MI 1984)

Bolton, Richard, ed., *The Contest of Meaning: Critical Histories of Photography*(Cambridge, 1989)

Boorstin, Daniel J., *The Image: A Guide to Pseudo-Events* (New York, 1961)

Bossert, Helmut and Heinrich Guttmann, *Aus der Fruhzeit der Photographie 1840–70* (Frankfurt am Main, 1930)

Bouchart. François-Xavier, *Proust et la figure des pays* (Paris, 1982)

Bourdieu, Pierre, *The Rules of Art: Genesis and Structure of the Literary Field*, trans. Susan Emanuel (Stanford, CA, 1996)

Brassai, *Proust in the Power of Photography*, trans. Richard Howard (Chicago,IL, 2001)

Brunet, François, '"Picture Maker of the Old West": W. H. Jackson and the Birth of Photographic Archives in the us', *Prospects*, xix (1994), pp. 161–87

—, 'Poe à la croisée des chemins: réalisme et scepticisme', *Revue Française d'ÉtudesAméricaines*, lxxi(January 1997), pp. 44–50

—, *La Naissance de l'idée de photographie* (Paris, 2000)

—, '"Quelque chose de plus": la photographie comme limite du champ esthétique (Ruskin, Emerson, Proust)', in *Effets de cadre, De la limite en art*, ed. Brunet et al. (Saint-Denis, 2003), pp. 29–52

—, 'Revisiting the Enigmas of Timothy H. O'Sullivan, Notes on the William AshburnerCollection of King Survey Photographs at the Bancroft Library', *History of Photography*, xxxi/2 (Summer 2007), pp. 97–133

—, 'Inventing the Literary Prehistory of Photography:

From François Arago to Helmut Gernsheim', forthcoming in *Literature and Photography: New Perspectives*, ed. Julian Luxford and Alexander Marr (St Andrews, 2009)

—, and Bronwyn Griffith, eds, *Images of the West: Survey Photography in the American West, 1860–80* (Chicago, IL, 2007)

Bryant, Marsha, ed., *Photo-Textualities: Reading Photographs and Literature* (Newark, NJ, 1996)

Bussard, Katherine A., *So the Story Goes: Photographs by Tina Barney, Philip- Lorca diCorcia, Nan Goldin, Sally Mann, and Larry Sultan* (Chicago, 2006)

Bustarret, Claire, 'Vulgariser la Civilisation: science et fiction "d'après photographie"', in *Usages de l'image au xixe siècle*, ed. Stéphane Michaud et al. (Paris, 1992), pp. 129–42

Cadava, Eduardo, *Words of Light: Theses on the Photography of History* [2nd edn] (Princeton, NJ, 1998)

Chapman, Alison, '"A Poet Never Sees a Ghost": Photography and Trance in Tennyson's Enoch Arden and Julia Margaret Cameron's Photography', *Victorian Poetry*, xli/1(Spring 2003), pp. 47–71

Chéroux, Clément, 'Les récréations photographiques, un répertoire de formes pour les avant-gardes', *Études photographiques*, v (November 1998), pp. 73–96

—, ed., *The Perfect Medium: Photography and the Occult* (New Haven, CT, 2005)

Chevrier, Jean-François, *Proust et la photographie* (Paris, 1982)

Chouard, Géraldine, 'Eudora Welty's Photography or the Retina of Time', *Études Faulknériennes*, v (June 2005), pp. 19–24

Coleman, A. D., 'The Directorial Mode: Notes toward a Definition' [1976], in *Light Readings: A Photography Critic's Writings, 1968–1978* (New York,1979), pp. 246–57

Cosgrove, Peter, 'Snapshots of the Absolute: Mediamachia in *Let Us Now Praise Famous Men*', *American Literature*, lxvii/2(1995), pp. 329–57

Crary, Jonathan, *Techniques of the Observer: On Vision and Modernity in the Nineteenth Century* (Cambridge and London, 1990)

Crimp, Douglas, 'The Museum's Old / The Library's New Subject' [1984], in *The Contest of Meaning: Critical Histories of Photography*, ed. Richard Bolton (Cambridge, 1989), pp. 3–13

Daguerre, Louis-J.-M., *Historique et description des procédés du Daguerréotype et du Diorama* (Paris, 1839)

Davidson, Cathy N., 'Photographs of the Dead: Sherman, Daguerre, Hawthorne', *South Atlantic* Quarterly, lxxxix /4(Fall 1990), pp. 667–701

De la Sizeranne, Robert, 'La photographie est-elle un art?', *Revue des Deux Mondes*, 4th period, cxliv (November–December 1897), pp. 564–95

De Mondenard, Anne, *La Mission Héliographique: Cinq photographes parcourent la France en 1851* (Paris, 2002)

Debray, Régis, *Vie et mort de l'image* (Paris, 1995)

—, *L'œil naïf* (Paris, 1994)

Eastlake, Elizabeth, 'Photography' [1857], in *Photography: Essays and Images*, ed. Beaumont Newhall (New York, 1980), pp. 81–96. French translation of this essay, with notes by François Brunet, *Études Photographiques*, xiv (January 2004), pp. 105–7.

Edwards, Kathleen A., *Acting Out: Invented Melodrama in Contemporary Photography* (Seattle, or, 2005)

Edwards, Paul, 'Roman 1900 et photographie (les editions Nillson/Per Lamm et Offenstadt Frères)', *Romantisme*, cv/3 (1999), pp. 133–44

—, 'The Photograph in Georges Rodenbach's "Bruges-la-Morte" (1892)', *Journal of European Studies*, xxx/117(2000), pp. 71–89

—, *Soleil noir: Photographie et littérature des origines au surrealism* (Rennes, 2008).

Elkins, James, ed., *Photography Theory* (New York, 2007)

ÉtudesPhotographiques, xx (June 2007): 'La trame des images, Histoire de l'illustration photographique'

Figuier, Louis, 'La photographie', *Exposition et histoire des principales découvertes scientifiques modernes* (Paris, 1851), pp. 1–72

Folsom, Ed, *Walt Whitman's Native Representations* (Cambridge, 1997)

Foucault, Michel, *The Order of Things: An Archaeology of the Human Sciences*, trans. Alan Sheridan (New York, 1970)

—, 'La peinture photogénique' [1975], in *Dits et écrits*, vol. ii (Paris, 1994), pp. 708–15

Frank, Waldo, et al., *America and Alfred Stieglitz: A Collective Portrait* (New York, 1934)

Freund, Gisèle, *La photographie en France au dix-neuvième siècle: essai de sociologie et d'esthétique* (Paris, 1936)

—, *Photography and Society*, trans. Richard Dunn (Boston, MA, 1980) Gernsheim, Helmut, *The Origins of Photography* (London, 1982)

—, *Incunabula of British Photographic Literature: A Bibliography of British Photographic Literature 1839–75and British Books Illustrated with Original Photographs* (Berkeley, CA, 1984)

Gidley, Mick, *Edward S. Curtis and the North American Indian, Incorporated* (Cambridge, 1998)

Goldberg, Vicki, ed., *Photography in Print: Writings from 1816to the Present* (New York, 1981)

Goldschmidt, Lucien, and Weston J. Naef, *The Truthful Lens: A Survey of the Photographically Illustrated Book, 1844–1914* (New York, 1980)

Graham, Wendy, 'Pictures for texts',*Henry James Review*, xxiv/1 (2003), pp. 1–26

Green, Jonathan, *Camera Work A Critical Anthology* (Washington, DC,1973)

Green-Lewis, Jennifer, *Framing the Victorians: Photography and the Culture of Realism* (Ithaca, NY, 1997)

Greenough, Sarah E., and Juan Hamilton, *Alfred Stieglitz: Photographs and Writings*, (Washington, DC,1983)

Grojnowski, Daniel, and Philippe Ortel, eds, *Romantisme*, cv/3(1999): 'L'imaginaire de la photographie'

Grossmann, Julie, 'Hardy's "Tess" and "The Photograph": Images to Die For – Thomas Hardy', *Criticism*, xxxv (Fall 1993), pp. 609–31

Groth, Helen, 'Consigned to Sepia: Remembering *Victorian Poetry*', Victorian Poetry, xli/4(Winter 2003), p. 613

—, *Victorian Photography and Literary Nostalgia* (New York, 2003)

Gunthert, André, 'L'inventeur inconnu, Louis Figuier et la constitution de l'histoire de la photographie française', in *Études Photographiques*, xvi (May 2005), pp. 7–16

Hamon, Philippe, *Imageries, littérature et image au xixe siècle* (Paris, 2001)

Hamon, Philippe, 'Pierrot photographe', in *Romantisme*, cv/3(1999),pp. 35–44

Hansen, Miriam, 'Mass Culture as Hieroglyphic Writing: Adorno, Derrida, Kracauer', *New German Critique*, lvi (Spring–Summer, 1992),pp. 43–73

Harvey, John, *Photography and Spirit* (London, 2007)

Hayes, Kevin J., 'Poe, the Daguerreotype, and the Autobiographical Act', *Biography*, xxv/3 (Summer 2002), pp. 477–92

Heilbrun Françoise, et al., *En collaboration avec le Soleil: Victor Hugo, photographies de l'exil* (Paris, 1998)

Holmes, Oliver W., 'The Stereoscope and the Stereograph' [1859], in *Photography: Essays and Images*, ed. Beaumont Newhall (New York,1980), pp. 53–62

Holmes, Oliver W., 'Sun Painting and Sun Sculpture', *The Atlantic Monthly*, viii(July 1861),pp. 13–29

—, 'Doings of the Sunbeam' [1863], in Photography: *Essays and Images*, ed. Beaumont Newhall (New York, 1980), pp. 63–78

Humm, *Maggie, Modernist Women and Visual Cultures: Virginia Woolf, Vanessa Bell, Photography, and Cinema*

(New Brunswick,NJ, 2003)

Ivins, William, *Prints and Visual Communication* (London, 1953)

Jackson, William Henry, *Time Exposure* [1940] (Albuquerque, NM, 1986)

Jameson, Frederick, *The Political Unconscious: Narrative as a Socially Symbolic Act* (Ithaca, NY, 1981)

Jammes, André, and Eugenia Parry Janis, *The Art of French Calotype, with a Critical Dictionary of Photographers*, 1845–1870 (Princeton,NJ, 1983)

Jammes, Isabelle, *Blanquart-Evrard et les origines de l'édition photographique française* (Geneva and Paris, 1981)

Jennings, Michael, 'Agriculture, Industry, and the Birth of the Photo-Essay in the Late Weimar Republic', *October*, xciii (Summer 2000), pp. 23–56

Joyeux, Odette, *Nièpce, Le Troisième* Œil(Paris, 1989)

Jussim, Estelle, *Visual Communication and the Graphic Arts: Photographic Technologies in the Nineteenth Century* (New York, 1974)

Kelsey, Robin, *Archive Style, Photographs and Illustrations for usSurveys*, 1850–1890 (Berkeley, CA, 2007)

Leclerc, Yvan, 'Portraits de Flaubert et de Maupassant en photophobes', *Romantisme*, cv/3 (1999), pp. 97–106

Lambrechts, Eric, and Luc Salu, *Photography and Literature: An International Bibliography of Monographs* (London, 1992)

Lindsay, Vachel, *De la caverne à la pyramide (Ecrits sur le cinéma 1914–1925)*, ed. Marc Chénetier (Paris, 2001)

Lugon, Olivier, *Le Style documentaire d'August Sander à Walker Evans* (Paris, 2002)

Luxford, Julian, and Alexander Marr, *Literature and Photography: New Perspectives* (forthcoming St Andrews, 2009)

Lyotard, Jean-François, *The Postmodern Condition: A Report on Knowledge*, trans. Geoff Bennington and Brian Massumi (Manchester, 1984)

McCauley, Anne, 'François Arago and the Politics of the French Invention of Photography', in *Multiple Views: Logan Grant Essays on Photography 1983–89*, ed. Daniel P. Younger (Albuquerque, NM, 1991), pp. 43–70

McLuhan, Marshall, *Understanding Media: The Extensions of Man*, critical edn by W. Terrence Gordon (Corte Madera, CA, 2003)

Mary Warner Marien, *Photography and its Critics: A Cultural History, 1839–1900* (Cambridge and New York, 1997)

Méaux, Danièle, ed., *Photographie et Romanesque, Étudesromanesques*, x (Caen, 2006)

Michaud, Eric, "Daguerre, un Prométhée chrétien", *Études Photographiques*, ii (May 1997), pp. 44–59

Meehan, Sean Ross, 'Emerson's Photographic Thinking', Arizona Quarterly: *A Journal of American Literature, Culture, and Theory*, lxii/2 (Summer 2006), pp. 27–58

Mitchell, W.J.T., *Iconology: Image, Text, Ideology* (Chicago, IL, 1986)

—, *Picture Theory*(Chicago, IL, 1994)

Montier, Jean-Pierre, 'D'un palimpseste photographique dans *Les Travailleurs de la mer* de Victor Hugo', in *Photographie et Romanesque, Étudesromanesques*, x, ed. Danièle Méaux (Caen, 2006), pp. 49–68

—, et al., *Littérature et photographie* (Rennes, 2008)

Naef, Weston J., and James N. Wood, *Era of Exploration: the Rise of Landscape Photography in the American West* (New York, 1976)

Nancy, Jean-Luc, and Philippe Lacoue-Labarthe, *The Literary Absolute: The Theory of Literature in German Romanticism* [1980], trans. Philip Barnard and Cheryl Lester (Albany,NY, 1988)

Newhall, Beaumont, *Latent Image: The Discovery of Photography* (New York, 1966)

—, ed., *Photography: Essays and Images* (New York, 1980)

Nickel, Douglas, *Dreaming in Pictures: The Photography of Lewis Carroll* (New Haven, CT, 2002)

Olsen, Victoria C., *From Life: The Story of Julia Margaret*

Cameron and Victorian Photography (New York, 2003)
Ortel, Philippe, *La Littérature à l'ère de la photographie, Enquête sur une revolution Invisible* (Nîmes, 2002)
Orvell, Miles, *The Real Thing: Imitation and Authenticity in American Culture, 1880–1940* (Chapel Hill, NC, 1989)
—, 'Virtual Culture and the Logic of American Technology', *Revue Française d'ÉtudesAméricaines*, lxxvi (March 1998), pp. 12–27
—, *American Photography* (Oxford, 2003)
Parr, Martin, and Gerry Badger, *The Photobook: a History*, vols i and ii (New York, 2004/2006)
Phillips, Christopher, *Photography in the Modern Era: European Documents and Critical Writings, 1913–1940* (New York, 1989), pp. 15–46
––, 'The Judgment Seat of Photography', in *The Contest of Meaning: Critical Histories of Photography*, ed. Richard Bolton (Cambridge, 1989),pp. 15–46
Poivert, Michel, 'Politique de l'éclair. André Breton et la photographie', *Études photographiques*, vii (May 2000), pp. 52–72
Potonniée, Georges, *Cent ans de photographie* (Paris, 1940)
Rabb, Jane, ed., *Literature and Photography, Interactions 1840–1990* (Albuquerque, NM, 1995)
—, ed., *The Short Story and Photography 1880's–1990's: A Critical Anthology* (Albuquerque, NM,1998)
Recht, Roland, *La Lettre de Humboldt* (Paris, 1989)
Rodenbach, Georges, *Bruges-la-Morte* [1892], ed. Jean-Pierre Bertrand and Daniel Grojnowski (Paris, 1998)
Roubert, Paul-Louis, *L'image sans qualités, Les beaux-arts et la critique à l'épreuve de la photographie 1839–1859* (Paris, 2006)
Sandweiss, Martha, *Print the Legend: Photography and the American West* (New Haven, CT, 2002)
Sartre, Jean-Paul, *L'Imaginaire* (Paris, 1940)
Schaaf, Larry, *Out of the Shadows: Herschel, Talbot, and the Invention of Photography* (New Haven, CT, and London, 1992)
Schaaf, Larry, *Records of the Dawn of Photography: Talbot's Notebooks P & Q* (Cambridge and Melbourne, 1996)
—, *The Photographic Art of William Henry Fox Talbot* (Princeton, NJ, 2000)
—, *Introductory Volume to the Anniversary Facsimile of H. Fox Talbot's "The Pencil of Nature*" (New York, 1989)
Scharf, Aaron, *Art and Photography* (Baltimore, MD, 1969)
Seifrid, Thomas, 'Gazing on Life's Page: Perspectival Vision in Tolstoy', *PMLA*, cxiii/3 (May, 1998), pp. 436–48
Sekula, Alan, 'On the Invention of Photographic Meaning' [1975], in *Photography in Print: Writings from 1816 to the Present*,ed. Vicki Goldberg (New York, 1981), pp. 452–73
Shloss, Carol, *In Visible Light: Photography and the American Writer* (New York, 1987)
Signorini, Roberto, *Alle origini del fotografico, Lettura di 'The Pencil of Nature' (1844–46) di William Henry Fox Talbot* (Bologna, 2007)
Smith, Graham, *'Light that Dances in the Mind': Photographs and Memory in the Writings of E. M. Forster and his Contemporaries* (Oxford, 2007)
Sobieszek, Robert A., ed., *The Prehistory of Photography: Original Anthology* (New York, 1979)
Sontag, Susan, *On Photography* (New York, 1977)
Stange, Maren, *Symbols of Ideal Life: Social Documentary Photography in America*, 1890–1950 (New York, 1992)
Stiegler, Bernd, 'La surface du monde: note sur Théophile Gautier', *Romantisme*, CV(1999/3), pp. 91–5
—, '"*Mouches volantes*" et "*papillons noirs*": Hallucination et imagination littéraire, note sur Hippolyte Taine

et Gustave Flaubert', in *Photographie et Romanesque, Études romanesques*, x, ed. Danièle Méaux (Caen, 2006), pp. 9–48

Stott, William, *Documentary Expression in Thirties America* (New York, 1973)

Szarkowski, John, *The Photographer's Eye* (New York, 1966)

—, *Mirrors and Windows* (New York, 1978)

Taft, Robert, *Photography and the American Scene: A Social History 1839–1889* [1938] (New York, 1964)

Taylor, Roger, and Edward Wakeling, *Lewis Carroll, Photographer* (Princeton, NJ, 2002)

Thélot, Jérôme, *Les inventions littéraires de la photographie* (Paris, 2004)

Thomas, Richard F., *Literary Admirers of Alfred Stieglitz* (Carbondale,IL,1983)

Tick, Stanley, 'Positives and Negatives: Henry James vs. Photography', *Nineteenth Century Studies*, vii (1993), pp. 69–101

Trachtenberg, Alan, ed., *Classic Essays on Photography* (New Haven, CT,1980)

—, *Reading American Photographs: Images as History, Mathew Brady to Walker Evans* (New York, 1989)

—, 'Seeing and Believing: Hawthorne's Reflections on the Daguerreotype in "The House of the Seven Gables"', *American Literary History*, ix/3 (Autumn 1997), pp. 460–81

Virilio, Paul, *The Aesthetics of Disappearance* [1980], trans. Philip Beitchman (New York, 1991)

Von Amelunxen, Hubertus, 'Quand le photographie se fit lectrice: le livre illustré par la photographie au xixème siècle', *Romantisme,* xv/47 (1985), pp. 85–96

—, *Die Aufgehobene Zeit. Die Erfindung der Photographie durch William Henry Fox Talbot* (Berlin, 1989)

Waldrep, Shelton, *The Aesthetics of Self-invention: Oscar Wilde to David Bowie* (Minneapolis, MN, 2004)

Weaver, Mike, *The Photographic Art: Pictorial Traditions in Britain and America* (New York, 1986)

Wells, Liz, ed., *The Photography Reader* (New York, 2002)

Weston, Edward, *The Daybooks of Edward Weston,ed. Nancy Newhall* [1966] (New York, 1990)

Wey, Francis, 'Comment le soleil est devenu peintre, Histoire du daguerréotype et de la photographie', *Musée des Familles*,xx (1853), pp. 257–65, 289–300

Whitfield, Stephen J., 'The Image: The Lost World of Daniel Boorstin', *Reviews in American History*, xix/2 (June 1991), pp. 302–12

Wilsher, Ann, 'Photography in Literature: The First Seventy Years', *History of Photography*, ii/3 (July 1978), pp. 223–54

—, 'The Tauchnitz "Marble Faun"', *History of Photography*, iv/1(January 1980), pp. 61–6

Zannier, Italo, *Il Sogno della Fotografia* (Collana, 2006)

致　谢

首先谨对马克·霍沃思－布斯（Mark Haworth-Booth）邀请我撰写本书表示感谢。衷心感谢薇薇安·康斯坦丁普洛斯（Vivian Constantinopoulos）与哈利·吉隆伊斯（Harry Gilonis）为本书献计献策，并与我通力合作。非常感谢我所在的研究中心——英语国家文化研究实验中心（位于巴黎大学巴黎狄德罗大道7号），感谢研究中心主任弗雷德里克·欧吉（Frédéric Ogée）先生为我获取相关插图所产生的费用拨付了足够的资金。特别感谢亲爱的同事凯瑟琳·伯纳德（Catherine Bernard）对本书专业且有见地的审阅。在众多帮助我度过获取插图的困难时期的朋友中，我要特别感谢拉里·沙夫、卡罗尔·约翰逊（Carol Johnson，美国国会图书馆）和莎伦·佩里克（Shannon Perich，史密森学会）。还要感谢摄影师伊丽莎白·伦纳德、杰夫·沃尔和雷蒙·德帕东对我的慷慨帮助。最后，衷心感谢卡罗勒·特鲁夫洛（Carole Troufléau，法国摄影协会）、芭芭拉·加拉索（Barbara Galasso，乔治·伊斯曼故居）、拉斐尔·卡地亚（Raphaëlle Cartier，法国国家博物馆联合会）、维奥莱特·汉密尔顿（Violet Hamilton，威尔逊摄影中心）、伯恩哈德·克劳思（Bernhard Krauth，儒勒·凡尔纳俱乐部）、克里斯汀·帕瑟瑞（Christian Passeri，尼埃普斯博物馆）、克莱门特·克罗克斯（Clément Chéroux，现代艺术博物馆）、弗朗西斯·多菲拉尼（Françoise Dauphragne，巴黎高等师范大学）、马克·沃尔特（Marc Walter）和吕西安·萨默塞特（Lucien de Samosate）对我的鼎力相助。如往常一样，对丽莉·帕洛特（Lilli Parrott）始终如一的支持致以最诚挚的谢意。

图片致谢

本书作者与出版商谨向为本书提供图片材料和 / 或图片使用许可的来源表示诚挚的感谢:

Photo © Agence-France Presse: 图 78; courtesy of the Bancroft Library, University of California, Berkeley, CA: 图 28; courtesy of the Estate of Roland Barthes and Editions du Seuil, Paris: 图 38; courtesy of the Bayerisches Nationalmuseum, Munich: 图 6; Beinecke Library, New Haven,CT: 图 80; Bibliothèque Nationale de France, Paris: 图 7; photos courtesy Bibliothèque Nationale de France, Paris: 图 8, 图 9, 图 10, 图 11; photo © Yvan Bourhis – DAPMD – Conseil général de Seine-et-Marne: 图 72; photo © Guy Carrard, Musée National d'Art Moderne, Paris: 图 33; Columbia University Rare Book Library, New York: 图 39; courtesy of Raymond Depardon: 图 61; photo courtesy of the Library of the Ecole Normale Supérieure, Paris: 图 83; courtesy Farrar, Straus & Giroux, New York: 图 51; courtesy of George Eastman House (International Museum of Photography and Film), Rochester, NY: 图 5, 图 42, 图 45, 图 49, 图 74, 图 76, 图 82; photos © Estate of Gisèle Freund: 图 48, 图 77; © Christine Guibert: 图 86, 图 89; courtesy of the Jules Verne Club: 图 46; © Elizabeth Lennard: 图 64; Library of Congress, Washington, DC (Prints and Photographs Division): 图 15 (Office of War Information), 图 17, 图 29, 图 34, 图 25 (photos 1,3 and 4 by Oscar Rejlander, photo2 by Adolph D. Kindermann), 图 40, 图 43, 图 52, 图 58, 图 67, 图 70, 图 71 (Prokudin-Gorskii Collection); photos courtesy Library of Congress, Washington, DC: 图 27, 图 30, 图 31, 图 37, 图 69, 图 85; © Man Ray Trust – ADAGP, Paris 2008: 图 79; Médiathèque de l'Architecture et du Patrimoine, Paris: 图 2, 图 4; photo courtesy of the Médiathèque de la Cinémathèque Française, Paris: 图 50; photo reproduced courtesy Thomas Meyer: 图 80; courtesy of the Ministère de la Culture – Médiathèque du Patrimoine, Dist. RMN / © André Kertesz: 图 2; © Duane Michals: 图 63; photo courtesy Musée National d'Art Moderne, Paris: 图 33, 图 47 (© Man Ray Trust / ADAGP, photo © CNAC / MNAM, Dist. RMN / rights reserved), 图 48 (photo © CNAC / MNAM, Dist. by RMN / © Georges Meguerditchian), 图 77 (photo © CNAC / MNAM, Dist. by RMN / © Georges Meguerditchian); courtesy of the Musée Nicéphore Niépce, Châlon-sur-Saône: 图 24; courtesy National Museum of American History (Smithsonian Institution), Washington,DC: 图 13, 图 14, 图 16, 图 18, 图 21, 图 22, 图 23, 图 26, 图 66; photos courtesy National Museum of American History (Smithsonian Institution), Washington, DC: 图 19, 图 20; courtesy Pace / MacGill Gallery, New York: 图 63; © Gordon Parks, courtesy of the Gordon Parks Foundation: 图 60; photos © RMN: 图 59 (photo ©CNAC / MNAM, Dist. RMN / Georges Meguerditchian); photo © RMN (Musée d'Orsay, Paris)/rights reserved: 图 68; © RMN / © Hervé Lewandowski: 图 75, 图 79; Musée d'Orsay, Paris (photos © RMN / Hervé Lewandowski): 图 41, 图 54; © Musée d'Orsay (Dist. RMN / Jean-Jacques Sauciat): 图 73; private collections: 图 44, 图 55, 图 56, 图 88; reproduced courtesy of the author (Leslie Scalapino) and O Books: 图 35, 图 36; courtesy of the artist (Cindy Sherman) and Metro Pictures: 图 87; © Collection of the Société Française de Photographie, Paris – all rights reserved: 图 1, 图 3, 图 12, 图 53, 图 62, 图 90; courtesy of Jean and Dimitri Swetchine: 图 71; courtesy of Jeff Wall: 图 65; courtesy of Marc Walter, Paris: 图 57; courtesy of the Wilson Photographic Centre, London: 图 81.

索　引

*斜体*数字对应插图页码。

J

K

L

X

Y

Z

图书在版编目(CIP)数据

摄影与文学 / (法) 弗朗索瓦•布鲁纳 (François Brunet) 著 ; 丁树亭译. -- 北京 : 中国摄影出版社, 2016.7
书名原文: Photography and Literature
ISBN 978-7-5179-0481-6

Ⅰ. ①摄… Ⅱ. ①弗… ②丁… Ⅲ. ①摄影理论—关系—文学理论—研究 Ⅳ. ①TB81 ②I0

中国版本图书馆CIP数据核字(2016)第171939号

北京市版权局著作权合同登记章图字: 01-2016-1498号

摄影与文学
作　　者: [法] 弗朗索瓦·布鲁纳
译　　者: 丁树亭
出 品 人: 赵迎新
责任编辑: 常爱平
版权编辑: 黎旭欢
装帧设计: 王　彪
出　　版: 中国摄影出版社
地址: 北京市东城区东四十二条48号　邮编: 100007
发行部: 010-65136125 65280977
网址: www.cpph.com
邮箱: distribution@cpph.com
印　　刷: 天津图文方嘉印刷有限公司
开　　本: 32开
印　　张: 6.25
版　　次: 2016年8月第1版
印　　次: 2020年10月第1次印刷
ISBN 978-7-5179-0481-6
定　　价: 59.00元